中国茶文化丛书

U0395117

安茶史话

郑建新 著

中国农业出版社
· 北京

图书在版编目（CIP）数据

安茶史话 / 郑建新著. —— 北京 ：中国农业出版社，
2020.8（2022.10重印）
ISBN 978-7-109-26026-9

Ⅰ．①安… Ⅱ．①郑… Ⅲ．①茶叶－介绍－祁门县
Ⅳ．①TS272.5

中国版本图书馆CIP数据核字（2019）第225135号

安茶史话
ANCHA SHIHUA

中国农业出版社出版
地址：北京市朝阳区麦子店街18号楼
邮编：100125
责任编辑：姚　佳
版式设计：姜　欣　责任校对：赵　硕
印刷：北京通州皇家印刷厂
版次：2020年8月第1版
印次：2022年10月北京第2次印刷
发行：新华书店北京发行所
开本：700mm×1000mm　1/16
印张：11.75
字数：186千字
定价：78.00元

版权所有·侵权必究
凡购买本社图书，如有印装质量问题，我社负责调换。
服务电话：010－59195115　010－59194918

《中国茶文化丛书》编委会

主　编：姚国坤

副主编：王岳飞　　刘勤晋　　鲁成银

编　委（以姓氏笔画为序）：

丁以寿　　王岳飞　　王镇恒　　卢湘萍　　叶汉钟

朱红缨　　任新来　　刘勤晋　　闫保荣　　李远华

李新玲　　郑建新　　赵　刚　　姚　佳　　姚国坤

梅　宇　　程启坤　　鲁成银　　鲍志成　　潘　城

穆祥桐　　魏　然

总　序

　　茶文化是中国传统文化中的一束奇葩。改革开放以来，随着我国经济的发展，社会生活水平的提高，国内外文化交流的活跃，有着悠久历史的中国茶文化重放异彩。这是中国茶文化的又一次出发。2003 年，由中国农业出版社出版的《中国茶文化丛书》可谓应运而生，该丛书出版以来，受到茶文化事业工作者与广大读者的欢迎，并多次重印，为茶文化的研究、普及起到了积极的推动作用，具有较高的社会价值和学术价值。茶文化丰富多彩，博大精深，且能与时俱进。为了适应现代茶文化的快速发展，传承和弘扬中华优秀传统文化，应众多读者的要求，中国农业出版社决定进一步充实、丰富《中国茶文化丛书》，对其进行完善和丰富，力求在广度、深度和精度上有所超越。

　　茶文化是一种物质与精神双重存在的复合文化，涉及现代茶业经济和贸易制度，各国、各地、各民族的饮茶习俗、品饮历史，以品饮艺术为核心的价值观念、审美情趣和文学艺术，茶与宗教、哲学、美学、社会学，茶学史，茶学教育，茶叶生产及制作过程中的技艺，以及饮茶所涉及的器物和建筑等。该丛书在已出版图书的基础上，系统梳理，查缺补漏，修订完善，填补空白。内容大体包括：陆羽《茶经》研究、中国近代茶叶贸易、茶叶质量鉴别与消费指南、饮茶健康之道、茶文化庄园、茶文化旅游、茶席艺术、大唐宫廷茶具文化、解读潮州工夫茶等。丛书内容力求既有理论价值，又有实用价值；既追求学术品位，又做到通俗易懂，满足作者多样化需求。

　　一片小小的茶叶，影响着世界。历史上从中国始发的丝绸之路、瓷器之路，还有茶叶之路，它们都是连接世界的商贸之路、文明之路。正是这种海陆并进、纵横交错的物质与文化交流，牵连起中国与世界的交往与友谊，使茶和咖啡、可可成为世界三大无酒精饮料,茶成为世界消费量仅次于水的第二大饮品。而随之而生的日本茶道、韩国茶礼、英国下午茶、俄罗斯茶俗等的形成与发展,都是接受中华文明的例证。如今,随着时代的变迁、社会的进步、科技的发展,人们对茶的天然、营养、保健和药效功能有了更深更广的了解,茶的利用已进入到保健、食品、旅游、医药、化妆、轻工、服装、饲料等多种行业,使饮茶朝着吃茶、用茶、玩茶等多角度、全方位方向发展。

习近平总书记曾指出:一个国家、一个民族的强盛,总是以文化兴盛为支撑的。没有文明的继承和发展,没有文化的弘扬和繁荣,就没有中国梦的实现。中华民族创造了源远流长的中华文化,也一定能够创造出中华文化新的辉煌。要坚持走中国特色社会主义文化发展道路,弘扬社会主义先进文化,推动社会主义文化大发展大繁荣,不断丰富人民精神世界,增强精神力量,努力建设社会主义文化强国。中华优秀传统文化是习近平总书记十八大以来治国理念的重要来源。中国是茶的故乡,茶文化孕育在中国传统文化的基本精神中,实为中华民族精神的组成部分,是中国传统文化中不可或缺的内容之一,有其厚德载物、和谐美好、仁义礼智、天人协调的特质。可以说,中国文化的基本人文要素都较为完好地保存在茶文化之中。所以,研究茶文化、丰富茶文化,就成为继承和发扬中华传统文化的题中应有之义。

当前,中华文化正面临着对内振兴、发展,对外介绍、交流的双重机遇。相信该丛书的修订出版,必将推动茶文化的传承保护、茶产业的转型升级、提升茶文化特色小镇建设和茶旅游水平;同时对增进世界人民对中国茶及茶文化的了解,发展中国与各国的友好关系,推动"一带一路"建设将会起到积极的作用,有利于扩大中国茶及茶文化在世界的影响力,树立中国茶产业、茶文化的大国和强国风采。

姚国坤

2017 年 6 月于杭州

序 · 传承

我自幼爱茶，从古朴家乡福建泉州到现在繁华的香港，茶韵芳香，乡情依依，几十年的斗转星移，茶是我生活中的挚爱，也因为爱茶，令我对中国的茶文化一往情深，对内地茶坛有一份深情的眷恋，不舍的情结。

祁门是个出好茶的地方，我曾两次专程到此访茶。第一次是 21 世纪初，我专访祁红，在这里，我看茶园、品工夫、寻掌故、问茶俗，几天下来，深感祁红跻身于世界三大高香名茶，真是名不虚传。遗憾的是，当时未问他茶，故当后来得知此地还产安茶时，深为懊悔，由此再生访祁之心，乃至此愿磨我多年。终于在 2018 年盛夏，我又来到了祁门茶乡，并深入到安茶源头产地的祁南芦溪。在这里，我见到了安茶著名老字号孙义顺外甥，现为江南春厂老板的汪升平，以及一枝春厂老板戴海中、新孙义顺厂老板汪珂，三位茶师，恰为老中青三代，个个谈茶有道，人人身手不凡。从他们身上，我仿佛看到了祁门安茶的过去、现在和未来，尤其看到湮没半个多世纪而重新复产的安茶，欣欣向荣，生机勃勃，深为欣慰，且充满信心！

祁门安茶是一款有灵性的历史名茶。其名有多种，尤其清末民国时，在南洋及东南亚，被称为徽青、老六安、笠仔茶、安徽篮茶等，因具祛湿消食、消暑解毒之效，声名大噪，备受市场青睐。至于在香港地区，祁门安茶更是身份和地位的象征。以致坊间传民谚：楼下喝普洱，楼上喝安茶。其中以孙义顺牌号最为有名。近年香港仕宏公司举槌拍卖，3 千克 80 年前的安茶，居然卖到88 万元，其身价之高可见一斑。

祁门安茶是一款颇具色彩的文化名茶。经历跌宕传奇，掌故异彩纷呈，历为文人雅士所爱，古书《红楼梦》《儒林外史》有载，近又被港人以此为题材，拍成电影《茶盗》，热播一时，颇有影响。现由茶友建新先生写出《安茶史话》一书，更是集大成之作。

建新先生出身茶业世家，生长于茶乡，种过茶、制过茶、管过茶，可谓有实践经验；20 世纪 80 年代后期，又开始钻研茶文化，出版不少专著，曾为中国国际茶文化研究会理事，现为安徽省茶文化研究会副会长，堪称有理论建树。翻阅其撰写的《安茶史话》，熔茶俗茶风、茶技茶性、茶票茶事、茶人茶情于一炉，诉百年茶史，追万里茶路，述产区厂家，叙市场风云，内容丰富翔实，文笔优雅，图文并茂，感觉很好。建新邀我作序，欣然应允。

从一个茶业大国跨越到茶业强国，除当成为经济效益的高地，还应有精神文化的标杆。被遗忘了半个世纪的祁门安茶能东山再起，港人呼唤与追捧是原因之一，茶业人的不懈努力更为重要。安茶复兴是一种民族乡愁的回归与传承，今天虽然仍在路上，但有这样的一批人愿为此无私奉献，真正值得肯定和支持。谨以此言作为对建新先生的祝贺，更作为新书的序语，献给所有爱茶人。

香港茶业协会会长　施世筑

目 录

一、纷繁多说的茶名

1. 因药效名奇茶

中国是茶的故乡。

历史越千年，岁月演绎出品茗的世界，茶业兴、茶事旺、茶风炽，折射出中国茶坛百花齐放，万紫千红，美不胜收。

"茶叶做到老，茶名记不了。"这是茶圈流行的俗语，可见中国茶之多之广。茶人深感压力，乃至发出如此无奈的感慨；又深为骄傲，则以如此低调的方式，表达自己的幽默。

其中，有一种茶，早在明末清初时，已在两广和东南亚那边流传甚广。因其药效明显，民间便称其为奇茶。

这茶就是祁门安茶。

将有药效的安茶称为奇茶，其实是有缘由的：说是清初，祁门做安茶的孙义顺号老板，运茶下广东。一日在鄱阳湖码头遇一广东戴姓郎中，想搭船回家，但

❦ 安茶茶品

❦ 茶韵

身无分文。茶老板爽快答应了，且一路好茶好酒相待，每餐来二两，有时甚至亲自作陪，把这个郎中服侍得舒舒服服。佛家有因果报应一说，现实生活中是否灵验不知道，但在茶老板身上，颇见验证。行程数月，他们终于到达广东，遇上这里瘟疫流行，百姓叫苦不迭。戴郎中感觉自己有责任，当即挂牌行医，问诊号脉，忙得不亦乐乎。郎中为了感谢茶老板，开药方时，在每剂药方中开三钱安茶为药引，不想效果奇好，瘟疫患者居然死里逃生。百姓感谢郎中，郎中轻描淡写答到：都是安茶的功劳。从此安茶可治瘟疫的消息不胫而走，故事一传十，十传百，越传越神，安茶名声大震，以致被人们奉为包治百病的灵丹妙药，称为奇茶，有条件者几乎家家皆备。

故事情节传神，然市场最真实，说安茶有药效，真确有其事。譬如清末祁门经营安茶的胡钜春号，其茶票凛然就有文字宣告：我华族茶产所在多有，惟我六安茶独具一种，天然物质，色味俱佳，清香较胜，饮之可以消烦辟瘴，佐益元阳，自是日用卫生妙品。

白纸黑字，铁证如山，想必胡钜春，该是把握十分，才胆敢抛此票。且类似茶票，岂止胡钜春一家，还有诸如康秧春、正义顺等，也言辞一辙，同样附和。甚至到21世纪初，2003年非典暴发，广东地区民众从安茶可消瘴的历史经验出发，纷纷购茶以作防范，致使安茶大为畅销，乃至供应断货。再如2004年12月26日，印度洋发生海啸，突如其来的灾难，给东南亚各国民众造成巨大伤亡和财产损失。以海洋为生的渔民，纷纷以传统方式消灾，他们购置大量低档安茶与其他物品一并投入大海，以求海神保佑，消灾佑民。

❧ 胡钜春茶票

❧ 清末两广茶庄

❧ 宣统安茶包装物

2．因借名叫老六安

祁门安茶，其实是官名、学名。论历史，此茶最早叫六安茶。譬如明代学者李东阳《七律·咏六安茶》云：七碗清风自六安，每随佳兴入诗坛。再如清人李光庭《开门七事》云：金粉装修门面华，徽商竞货六安茶；古甃泉踘双井水，小楼酒带六安茶。尤其在东南亚，此茶又叫旧六安、老六安，抑或陈年六安。如此奇葩茶名，令人惊艳。假如来次名茶又名评比，安茶估计夺冠。

何为六安？稍懂地理的人都知道，皖西大别山腹地是也；而祁门地处皖南，属黄山西脉延伸。虽同属安徽，然区位一西一南，山不靠，水不连，行政管理分属两市，区划明显不搭，明明风马牛不相及，何以茶名张冠李戴，错配鸳鸯？

专家学者纷纷开脑洞、费精神、查史籍、考依据、挖来历、理来由，经多方求索，楞将安茶呼为六安茶事，寻到多说：

一为仿六安茶说。此说来自民国时祁门茶业改良场场长胡浩川，其在《祁红制造》《祁红运输》均说：祁门所产茶叶，除红茶为主要制品外，间有少数绿茶，以仿照六安茶之制法，遂袭称安茶。

❦ 货架标明六安茶

❦ 当代安茶部分包装

佐证胡先生观点的，有多种史料。一是1932年傅宏镇著《祁门之茶叶》载：（祁门）红茶之外，尚有少数安茶之制造。此茶概销于两广，制法与六安茶相仿，故名为安茶。二是民国26年（1937）《中国茶叶之经济调查》载：祁门除以红茶为主要产品外，亦产绿茶，可分三种。即（甲）安茶，系仿制六安之茶，行销广东。三是曾在祁工作多年的茶叶专家汪瑞奇先生在《安茶史说》《安茶续述》中均云：系仿六安茶制法得名。四是许正先生在1960年《安徽史学·安徽茶叶史略》载：清光绪以前，祁门原制青茶，运销两广，制法类似六安，俗称安茶，在粤东一带博得好评。

胡浩川先生是六安人，对六安茶事了解透彻，后在祁工作，祁门茶事，谙熟心中，两两相较，作出判断，貌似可信度高，于是众人齐帮腔，情有可原。

二为安溪茶说。此说来自安徽农学院陈椽教授，其在1960年《安徽茶经》说：据有关资料记（该资料暂未找到），祁红原产绿茶，多属安溪绿茶，故叫安茶。但陈教授又说：是否定论，有待研究六安和安溪绿茶历史时，再仔细论证。遗憾的是，后来并无下文。

三为安徽茶简称安茶。持此说者为祁门茶商程世瑞。此人于民国间运送最后一批安茶到广东，他问佛山区老板：为什么将我们这种茶叶，称作安茶？区老板答：安茶就是安徽茶。你们省所产茶叶，东南亚最欢迎的，仅此一种，大家叫为安徽茶。可是这个徽字不好认，我们口语习惯，不喜欢用三个字称呼某某茶，于是便去掉徽字，简称为安茶。

四为借六安茶之名。持此说有两人，一是已故茶学家詹罗九先生，他在《七碗清风自六安·六安茶记录》中说：六安茶名满天下，借名之事在所难免。祁门是古老茶区，茶产丰而质亦胜，乃商贾营销安茶，遂借六安茶之名耳；一是祁门本土学者倪群先生，对茶事研究颇深。他认为明清时，六安茶为贡茶别称，名头很响。如清嘉庆《霍山县志》载：霍产总属西南，山高寒重，所出多在雨后，则贡茶专名六安。后起之秀的祁门安茶，借船出海，借梯登高，属商家促销手段。再如清代，徽州松萝畅销，六安茶以松萝托名，也有范例。如民国36年（1947）中华书局刊《最新中外地名辞典》云：六安境内以产茶著名，世称六安松萝。如此一省二地，大同小异，优势分享，不必细究。

除此之外，祁门产地还有一说。即所谓六安茶，是因其对人体有平六气、安六腑之功而名。此说貌似更具科学性，然因属民间说法，流传不广，影响不大。

🍃 当代安茶包装盒

🍃 百年安茶汤

以上纷纭五说，从不同角度剖析，各执一词，似有理，似矛盾，孰是孰非，难做定论。然有一点可肯定，所谓六安茶，纯属一种前人栽树，后人乘凉，福荫子孙的慢熟茶。即一款对的名茶，遇上对的市场，尽管孕育时间久，甚至可能产生错觉，然而只要消费者认可，就有生命力，至于来历如何，似乎并不重要。

3. 因包装名笠仔茶

祁门安茶在两广和东南亚，又叫篮茶，抑或笠仔茶。

说篮茶，是因其最小包装的篾篓，形似竹篮而名；说笠仔茶，是因篾篓中衬箬叶，防水防潮，与斗笠同功而名。

竹篾也罢，箬叶也好，均属生态环保有机纯天然之物，淳朴简陋，外形粗放，质地粗疏，表面看土得掉渣，然而满满田园风味，泥土芳香，令人着迷。这种奇特古朴的包装，雅俗共赏，具有很强的地域化、个性化，渗透了中国文化大俗大雅的精神，无疑为巧用心计、匠心独具之作。

以箬入茶，由来已久。民谚云：茶是草，箬是宝。宋人蔡襄《茶录》中就有：茶焙编竹为之裹以箬叶，盖其上，以收火也。隔其中，以有容也。纳火其下去茶尺许，常温温然，所以养茶色香味也。安茶深谙其道，巧妙地以箬衬底，以篾编篓，内装外包均是原生态材料，茶香箬香竹香，三香合一，保鲜保真保原味，可谓既科学又智慧，应验高手在民间之理。

竹篓使用前，还有一道煮的工序。追溯源头始于1997年，当时孙义顺后人汪寿康说，祖上曾有煮竹篓习惯，方法是以茶梗煮一锅茶汤，将新编竹篓成串放入锅中，从汤水中慢慢拖过。所起作用有二：一是茶篓以六月竹编织最好，冬天砍的易生虫，分不清干脆煮过，以防止生虫；再者一旦煮过，即使再生虫，竹灰也没有，不用担心影响茶叶。二是古色古香，沧桑斑驳感好看。

安茶包装外形，大小共分内篓、中条、外件三层，每层均以竹篾箬叶为主打，不但科学，且富有艺术品位。最内为篓，圆形或椭圆形，以竹篾编织。竹篾就地取材，基本为老竹，生态质地，韧劲结实，再加手工精心编织，以胡椒眼为最好。竹篓看似普通，其实蕴含深刻科学道理：古朴、经济、透气，不但具有相当收缩力，且耐磨性能强，即使重力作用

❧ 开编安茶篓

❧ 编篓场面

❧ 成品竹篓

下，凭靠其伸缩性，茶篓基本不会变形，以保护茶叶不会受损。竹篓使用前，先入锅以茶汤煮过，目的是消毒和染香。盛茶时，篓内置箬叶。箬叶即当地百姓日常包粽的大竹叶，饱含清香，兼有凉性。箬叶首先有保温作用，安茶经蒸热软化后，趁热紧压入篓，以保持紧结和香气不外泄，随后扎紧成条上烘；其次隔绝灰尘和杂味入侵，以回避茶叶吸异性强特点，在长期保存中，为保持茶叶纯洁性起关键作用，箬性融入茶中，提升香感、滋味、汤色，妙不可言，同时还有防止茶遗漏和有利于隔潮，成为安茶专属内衣。中层为条，先以竹篓两两相对为一组，再以数组扎篾成条；最外为件，以数条相捆，外封厚实箬叶扎成。

Ｙ 扎条

Ｙ 打围

Ｙ 台湾报道图文

安茶包装规格，传统方法从包罗无极的星宿三十六天罡、七十二地煞的吉祥数字取意，分别有一斤*篓、二斤篓2种。其中最为常见是一斤篓，篓长约17厘米，高约9厘米。两篓成组为2斤，三组成条为6斤，六条捆绑成件为36斤；二斤篓包装方法与此相同，只不过茶篓大些而已。使用以上两种规格，其实也是出于适合水路运输需要的考虑，一斤篓以四件为一担，二斤篓以两件为一担，即每人担重均在150斤左右，量轻体小，方便上下装卸。随着社会发展，交通条件改观，肩挑人驮基本绝迹，为便于运输和提高效益，如今安茶包装规格也与时俱进，即总量和体积有所改变。具体说有半斤装、一斤装、二斤装、五斤装多种。半斤篓为新设计的包装，篓长约13厘米，高约7厘米，两篓成组为1斤；4组相扎为条，7条相捆成件，即28斤，所取是二十八星宿之意；一斤篓为传统规格，然有时为方便装卸，也改为每条10篓5组，10条成件，即60斤；二斤篓方法与一斤篓方法相似，每件为120斤，根据客户需要制作。五斤装为圆形竹篮，内铺箬叶，直接盛茶，抑或放入等量小篓。盛茶时，具体使用大篓或小篓，通常视茶叶等级而定，其中半斤篓装高档特贡，一斤篓装中高档茶，如贡尖、毛尖等，二斤篓即装低档茶为主，五斤篓即根据需要，相对灵活。大俗便大雅，安茶之所以不用质地致密诸如瓷器、铁听类器物包装，而专用竹篓箬叶，目的在于既生态环保，更便于吸收空气，以利陈化，充分体现茶人的智慧。缘此，小竹篓是祁门安茶独特的身份标识，成为风景线，为人喜爱。引人注目，夺人眼球。

至于现在，祁门安茶厂家根据不同需要，偶尔也使用外套纸盒、塑料袋等包装。

4．因级别称六安骨

甲午盛夏，笔者走安茶故里祁南芦溪，孙义顺老板汪镇响端来玻璃壶，为我泡茶。其投茶冲水，须臾茶汤橙红明亮，晶莹剔透，艳如琥珀，胃口大开。我端杯开饮，感觉极棒，不但滋味鲜醇浓郁，带箬味清凉，且香气幽幽，陈香轻飏，如丝如缕。牛饮数杯，过足渴瘾，我问老板，这茶哪年的？老板答：七年前的陈货。不过不是好茶，是第二道拣别的茶朴，带芽头乳花，属下等茶。但茶汁浓，

---

*斤为非法定计量单位，1斤＝500克。 ——编者注

茶味厚，茶劲足，叫六安骨。从前两广南洋平头百姓最喜欢，尤其水手船工将它作随身必备神药，下海打鱼买不起好茶，就买这种茶，故又叫渔夫茶。又因竹篓似筋，箬叶似皮，也叫筋皮茶。

❦ 茶梗汤也浓

❦ 筋骨茶样品

渔夫茶？筋皮茶？我沉睡记忆瞬间被激活。多年前印度洋发生海啸，东南亚渔民为消灾佑民，购大量低档茶投入大海，就是这种茶？老板频点头：正是正是。我幡然梦醒，既似醍醐灌顶，又好生诧异。急忙取茶听，疾步到亮处，伸手掏茶翻看。原是一堆杂碎乱梗，刚硬颗粒，铁锈红色，长短不一，粗细不匀，毫无茶样，看相极糟糕。这就叫六安骨、筋皮茶、渔夫茶？如此稀奇古怪茶名，疯狂于心乱窜，令我一头雾水。我使劲开脑洞、飚智慧，试图捞出更好称呼。然吭哧半天，实在想不出比这更贴切的名字，缘此不得不深深佩服先人聪明，不费劲，便想出这顶尖级概念，形象生动离奇新鲜，土气裹挟仙气，令人佩服，五体投地。这就验证一理：越底层，越朴拙，越聪慧，越实惠。缘此我想起千百年来农家常喝的那种收山茶。即采后的茶尾，粗枝大叶，黑不溜秋，颜值为零。然茶汤黝黑，茶汁浓郁，茶味醇厚，大有一口可解千年渴之功，了不得。再忆及自己当年在祁门茶厂做茶，同样也喝这种茶，即拣出的茶头，规范称呼叫茶梗。看相不雅，级别没有，然滋味厚实，茶劲道地，尤其酷暑，大解渴瘾，茶汤穿肠过，氤氲贯古今。继而再想到梁实秋先生的《喝茶》说：有同学来自徽州，只知道茶叶是烘干打包捆载上船，沿江运到沪杭求售，剩下茶梗才是家人饮用之物，恰如北人所谓卖席的睡凉炕。所有这些，与此茶无疑都是一类，即上等茶尾巴，称为下等末脚茶，用以解渴，还是上等。犹如山姑，不打扮，藏含蓄，低调淡定，内秀不显，清水出芙蓉，美丽放内中，看似与世无争，其实好大城府，发现便惊艳世界。

有道是：人不可貌相，海水不可斗量。既被六安骨俘虏，当然要重视。之所以，事后我便恶补功课，果然又有新发现。说是安茶茶梗早在东南亚市场就有，其起源于旧日茶行，因有时要对内地六安茶进行再加工，精挑细选，剔出枝梗残片，意为残渣余孽，只见茶梗不见叶，故名六安骨，以为神秘，专供低收入人家饮用或入药。说是这种茶，丰姿熟韵，枝硬茎实，形如铜丝，干嗅有火香，看汤酱紫，入口温顺，滋味厚润回甘，进入平常百姓家，尤其抢手。特别是20世纪50—60年代，祁门安茶早已停产，而市场有惯性，许多香港地区的人家因生活艰难，只能购买六安骨，用以泡壶茶使用。香港小茶商，便向内地批发商购入廉价的铁观音和水仙茶，选出茶梗焙火，廉价外售，茶名仍叫六安骨，依旧走红市场。这些物尽其用的地道香港产物，甚至风靡一时，成为老辈香港人的记忆，至今仍鲜活。

筛出茶梗

坦率地说，抛开精神层面的品位档次，仅就物质角度的解渴而言，使用六安骨，其实最经济实惠不过。个中原因，在于好安茶为挑选上上芽蕊细尖，不惜工本，精工制作，再陈化三年而来，本钱不小，身显价贵，天天饮用，非富庶之家，一般享受不起。而六安骨，原料粗，价位低，朴实无华，货真物廉，平淡显真。物有上中下，茶也不例外，好茶细喝，粗茶粗喝，除接待贵客外，取此六安骨、渔夫茶、筋皮茶，茶的品相虽一般，然内涵丰富，领略过后，被山野原味包围，幸福满身心。无论工余饭后，抑或日常渴饮，堪称最佳选择。尤其当今世风，提倡原生态纯自然，追质朴到源头，问山风至岭头，六安骨、渔夫茶、筋皮茶，当是原装正宗地气茶，用作生活，非常合适，特别是三伏酷夏，大汗淋漓，狂饮一碗，茶性凉，味消热，香消暑，止渴生津，健脾开胃，驱焦躁郁闷疲惫而去，带平静清醒精神而来，感觉甚好。假如再将泡好的六安骨搁置放凉，放入冰箱冷藏后饮用，口感清凉醇和，陈温凉性发力更大，那种两腋生风，飘飘欲仙的质感，使人终生难忘。

5．还名徽青和香六安

安茶称谓多多，上述以外，还有广东茶、徽青、香六安等。

关于广东茶，来历倒清楚。譬如笔者耄耋老母说：你们现在叫的安茶，我们年轻时叫广东茶，是专门做给广东人喝的。母亲说的广东茶是民国称谓，且仅是产地祁门的称呼，普及程度低，多数人不知道。然而，一叫便是300余年。

至于徽青、香六安，是祁门产区以外销区的叫法，流传广，呼者多，影响颇大。仔细推敲，茶名也怪。首先说，青也好，香也罢，或茶色，或茶味，用为安茶名，貌似乱搭，恍惚迷糊模糊，云里雾里，令人困惑费解。其次说，此名普及度也不高，至少权威工具书未见，抑或说广大人民群众不认可，貌似打酱油的角色，属昙花一现，历史感为零，不足为凭。

换角度说，世间事，存在即合理。徽青也好，香六安也罢，既能世上一番走，当有来历值得究，弄清子丑寅卯最好。

先说徽青。兴许有人说，不就青茶嘛？以今人眼光看，彻底有理，且理直气壮。君不见，中国有茶六大类：红茶、绿茶、黑茶、白茶、黄茶、青茶，其中青茶虽较晚出现，毕竟也是明末清初产物，地道沧海桑田茶。将有着数百年历史的安茶归于青茶，马虎一点，似乎说得过去。然认真一问，深挖一把，问题有点大。因为所谓青茶，其实是新中国成立后才有的称谓，专指乌龙茶。而安茶并非乌龙茶。缘此知，此徽青与青茶，风马牛不相及，完全两码事。追根溯源问缘由，原在于早年茶名较乱，称呼不规范。譬如1936年金陵大学农学院农业经济系在《祁门红茶之生产制造与运销》载：清光绪以前，祁门向皆制造青茶，运销两广，俗称安茶，在粤

老安茶广告

东一带，颇负盛誉。再如1960年许正在《安徽史学·安徽茶叶史略》载：清光绪以前，祁门原制青茶，运销两广，制法类似六安，俗称安茶。从中可见，这种模糊称谓，源于清末民国，后来大流传，乃至到20世纪50年代初仍在使用。譬如2007年冬，中国台湾茶界举办过一次孙义顺安茶拆封活动。原件为一大蒲包，外观封皮从上到下有5行繁体黑字，内容依次为：徽青、毛重3□8公斤、净重□8公斤、NO87、中国茶叶出口公司。值得注意的是，这里的中国茶叶出口公司，是官方茶商，居然也将安茶称为徽青，说明徽青由来已久。

再说香六安。确切地说，这种称谓纯属中国香港、澳门地区的特产。据2016年12月《台湾·茶艺》卢亭均撰《自家拼配茶品香六安》载：香六安是香港老式茶庄自家调配的茶品，所用材料有：云南普洱散茶，米粒兰花包（一种小花植物，花苞颜色微黄，有香气），间中混有红茶碎、绿茶碎的材料，过往是茶

店处理低挡茶叶的好方法，问题是茶味不俗，流行数十年，受一般中下阶层消费者欢迎。

此文开宗明义：香六安是港式茶庄自家调配茶品。其中有两点值得注意：一是所用材料是云南普洱散茶，而非安茶。分析原因：香六安属低档茶，上层人一般不用。二是香六安需掺其他原料，才可使用。而安茶价位可能较高，用以制作香六安不划算。

有关香六安由来，其实也有故事。说是最早是有人将轻度受潮的六安茶，加入米仔、兰花炒制而成。受潮严重，就拿去蒸，把霉味蒸走，也可令茶味变得更陈旧。久而久之，因这种茶备受普通市民欢迎，于是销售逐渐火爆，制作技艺也日趋成熟，即与一般窨花茶相仿。具体技艺：取陈年六安，略焙火，使之微干，再采刚开的米兰花，用温水泡洗，取出沥干，放茶中窨12～24小时。窨过的茶重新焙干，反复多次，米兰香六安就成了。并着重强调，制作米兰香六安，一定要以老六安为茶底，即香六安完全是传统六安茶后起的加工品。甚至还说，所谓香米兰易得，老六安难求，要喝上一泡有质量的米兰香六安，可遇而不可求，是难得福气。还有更为夸张的说法是：能喝到一泡30年的米兰香六安，可以三月不知茶味。

🌱 通草画中见六安

光阴荏苒，日月如梭。现代人知道祁红、乌龙、普洱、龙井者多，知道老六安者不多，更别说香六安了。然在中国香港、澳门地区，一些老茶铺，如有茶缘，仍可见神奇又神秘的香六安。譬如近年一位叫陈锦源的先生，神探般找到一款30年老六安，经他不厌其烦地利用家里简易条件，精心制作，反复加工，终于成就一款天茶，美其名曰就是：香六安。

当代安茶检验报告

二、跌宕起伏的春秋

1. 妙静变废为宝

说到安茶出身，有点远。

首先说，中国茶从云南到川蜀，再到中原内地及长江中下游，后传播世界各地，这段时间约为几千年，大家都知道。

其次说，茶在国内受宠，最早年份是唐朝。从宫廷到寺院，从都市到乡村，茶风日渐，如火如荼，近似疯狂，许多人也知道。

然就在唐时，安茶悄然问世，且从临床到着地，完全是无意巧合，祸福转换，变废为宝，估计多数人不知道。

话需从头说起。说是唐代佛教大盛，到武宗统治天下时，发起了灭佛狂飙，致使僧尼纷纷逃离长安。其中有一妙静师太，带几小尼，跌跌撞撞来到祁南芦溪，见这里深山幽静，偏安一隅，于是结草为庐，潜伏修行。一日，妙静往山谷

❦ 芦溪老村

❦ 芦溪茶园

采野，无意间发现几株野茶，天降神草，岂可错过。妙静如获至宝，悉数采下，回庵制作，且按当地山民方式，以小篓盛装，内置箬叶，小心保存。然因干燥程度不够，此茶搁置梅雨季后，出现霉点。妙静心疼，不舍扔弃，佛眉一动，计上心来。庵斋过后，将茶叶放入饭甑蒸软，然开泡品饮，仍感无味，于是打算废弃。此时妙静已年届古稀，身体不适，正在辟谷，夜来蒲团打坐，闲来无事，想起那茶，感觉再试试手脚才好。于是取来火炉，架茶其上，以文火慢慢烘焙，至深夜，居然闻幽香阵阵袭来。禁不住诱惑，妙静取茶泡饮，不想汤艳味醇，异常可口，连饮数杯，居然心清气爽，精神倍增。妙静顿悟：历来制茶，或炒或揉或烘，独此茶白日晒过，夜露浸过，水汽蒸过，炭火烤过，可谓日精月华滋润，五行水火培育，才有提神醒身奇效，使我安康。茶有此功力，看来是佛祖点化，岂可慢待。妙静急忙叫醒尼徒，如此这番说一通。尼徒遵话仿效，一堆本该废弃茶，巧手烘焙变为宝，久而久之，成为参禅打坐和日常生活用茶，不离不弃。从此，庵堂一发不可收拾，遵此法大事种茶制茶，僧尼使用，日渐乖灵，为方便称谓，取名安茶。

妙静圆寂后，继任师太继续制安茶，且逐步规范重量和包装，不但用以僧尼际会，且以招待香客和信徒，天长日久，茶名传播更远，成为庵堂看家之宝，方圆远近闻名。然具体制法一直被庵堂坚守，佛家深藏，绝不外传，从未迈出佛门，成为秘籍，数百年未外泄，也是奇葩。

更为奇葩的是，光阴荏苒，日月如梭，今天到祁南芦溪，再问佛事遗址，居然仍见唐代佛迹。说是在芦溪河对岸山坡，现有一处名叫黄泰山小庙，砖瓦木构，黄墙圆窗，颇有佛颜。且规模不大，一层三开间，占地不足百平，极其普通。然庙座深山怀抱，周边森林茂密，山泉潺潺，一派阴森肃穆，貌似佛缘幽深有来头。缘此深追庙史，当地民众斩钉截铁说：来自唐代。这就令人肃然起敬。因为佛教建筑，从大而小论规模，称院、庙、庵，此庙明显属至小单位。既然资历深，是否经传有载？翻阅史籍，没想2008版《祁门县志》果然有载：佛教于南梁（502—557）传入祁门，至唐代发展较快，有寺庵18座。到1952年尚存祁山青萝寺、芦溪望云庵等，后因故废弃，1977年重新恢复。不查不知道，一查吓一跳。芦溪这小庙，原是榜上有名，且堂而皇之叫望云庵。至于是否就是妙静师傅佛址，暂留于专家考证。继而联想到庙址地名，既黄山又泰山，神奇怪异，诡秘莫测，云里雾里，个中谜团奇多。究竟来历如何，也是任重道远学术事，权且一并交与后人解疑。

🕊 黄泰山庙

严谨考证需时日，肤浅揣摩先乱说。一处区区小庙，从唐走来，历经千年，迭遭兴废，如今仍存，虽名望不大，但香火未断，钟磬不绝。其所验证的是，不但佛心佛性常驻人间，且说安茶出于佛家，似乎也是有理有据。

2．小尼带茶还俗

岁月悠悠走，弹指一挥间，来到明代。唐时妙静无意间制出的安茶，僧尼幸福享用几百年后，到这时来事了。

说是其时庵堂有一法名叫佛桃的小尼，原系山下农家女，年幼时因家境贫寒，入了佛门。如今年方二八，春心萌动，更想家人。感觉天天念经打坐，机械麻木，有点无聊。禁不住寂寞，某日便偷偷下山，意欲看看山下风光。才到山口，邂逅一入山砍柴后生，方脸正个，虎背熊腰，谈吐有趣，颜值非常。小尼借故与后生搭讪，仅几句便知，竟是家乡人，人投机，话就多，干柴遇烈火，双双坠入情网，二人当即私订终身，决定结为夫妻。

其时恰逢天下茶事大变，稳坐朝廷金銮殿的皇帝早已下旨：什么唐饼宋团统统靠边，一律罢造，今后喝茶当喝散茶，抓一把，冲水就泡。佛桃与后生成家，正愁生计无着，到市面一走，眼观耳探，很快探明情势，作出决断：今后日子，当以茶为主打。于是佛桃便将庵堂的安茶制法，如此这番，一一告知夫君。夫君依法炮制，制成安茶，拿到周边兜售，果然赚到银子。周边山民见状，于是纷纷仿效。安茶从此走出佛门，来到俗界，为普通民众所用。

❥ 唐代饼茶模型

❥ 拣箬叶

❥ 挑茶

有道是，名人有传奇，古董带故事，景点传掌故，名产附传说，凡事皆有机缘巧合。前面说到安茶的出身来历，虽属民间逸闻传说，且不乏风流浪漫，貌似是野史。然认真考证安茶创制时间，从货真价实角度论，千真万确，确实是在明代。若论这方面史籍，证据多多。譬如今有安茶文章载：

中国人习惯，向以皇帝好恶为标准，尤其封建社会，皇权至上。既然皇帝老爷喜欢六安贡茶，咱也就学做六安茶。于是经一段时间摸索研制，祁门安茶问世了。取什么茶名呢？聪明人说，我们学的是六安茶制法，跟霍山黄大茶几乎是一个师傅下山，一是仿竹篮烘茶，人家二人抬烘，我们架篮烘焙；二是仿竹篮装茶，人家毛火九干，趁热装篓，稍加紧压，我们是蒸热装篓，也加紧压；三是仿茶叶分级，人家有毛尖、贡尖、芯尖、雨前尖等，我们有贡尖、花尖、花香；四是都有药效功能，人家茶消食化

❥ 农家烘茶碳锅

积，我们茶祛湿消食。当然我们也有不同，譬如我们工艺比人家多，再如竹篓比人家小。但人家名气大，何况我们与六安同属一省，借梯上楼，借船出海，何乐不为，对外干脆也叫六安茶，对内若要区别，我们就去掉"六"字，叫安茶，抑或叫青茶。众人皆说好，尤其一些茶号，为便于销售，干脆在茶票中也以六安人自诩，如后来的祁南龙溪汪镒余的正义顺号茶票说："本号向在六安提选真春雨前细嫩芽茶，不惜巨资，用意精制……"

查证以上说法的时代背景，事实与史籍基本相符。更巧的是，其时恰逢徽商崛起，足迹踏遍大江南北，盐茶木典，成为产业，留下故事，多如星烁。如明

代学者李东阳，尚爱品茗吟诗，某日得徽商叫卖的六安茶，于是邀名士品鉴，事后一首茶味十足《七律·咏六安茶》脱颖而出：*七碗清风自六安，每随佳兴入诗坛*……再如徽州本土的大画家渐江，人称新安画派开创者，其在清初（约1670）给友人的信札中就说：*极思六安小篓，便间得惠寄一两篓，尚为启脾善善药，娄僧感激无量*。堂堂一介高僧，给友人去信乞茶，指名道姓是六安小篓，且大言不惭说极思，足见安茶影响非同小可。有关此事，也有掌故，将在后文详说，此不赘述。总之缘上述推断，早在明末，安茶大行其道，遍地火爆，已成不亦乐乎趋势。至于渐江大师，成忠实铁粉，走火入魔，完全是因地利因素，近水楼台先得月而已。

3. 嘉靖帝促成茶夜露

话说佛桃小尼带茶还俗，使安茶制作技艺流落民间，后随徽商脚步，遍走天下，逐步红火，渐成名茶。

然实话实说，此时安茶毕竟处在初级阶段，应付一般消费者可以，然而用以对付资深茶客，尤其皇家贵族、文人骚客，尚缺积淀底蕴，知名度不高。缘此给安茶来点故事，弄点传奇，以添文化色彩，提高知名度美誉度，乃至规范完善技艺，提升丰富功效，均是摆在安茶人面前亟待完成的课题。

机会真的来了。明嘉靖十一年（1532），一向尊崇道教为国教的天子世宗皇帝，派钦差大臣专程来到徽州齐云山求子。有道是，徽州山水真切灵动，不求则已，一求应验，

❧ 齐云山老子塑像

很快皇子降临。此后明嘉靖十七年、二十五年、三十四年、三十五年、三十八年，他均派天官前来齐云山还愿。其中明嘉靖三十五年（1556），还启动了山上的真武殿修建工程，世宗帝甚至专门御题玄天太素宫。缘此，齐云山及徽州山水一下子风靡天下，名传遐迩。至今齐云山月华街还留有天官殿，就是最好明证。

画中齐云山

喜欢历史的人都知道，世宗朱厚熜是明代第11位皇帝。坊间说，其先祖曾患肥胖症，因高血压早死。他以先祖之鉴，为自身之师，吸取教训，极其重视养生保健。于是爱上道教，追求的是返璞归真，天人合一，长生不老。齐云山是道教名山，他于此求子成功，更坚信道家的理念，无条件服从和执行。譬如道士说，若想长生不老，需吸天赐甘露。说是这种凝如脂、甘如贻的液体，是神灵之精，任瑞之泽，属延年益寿圣药，一般时候求不到，唯天下升平则降。吸后即使不寿，也有800岁。为此，他在朝廷常有擎玉盘求天露的举动，及至派天官来齐云山求子成功，验证徽州山水如此可爱灵动，更是爱屋及乌，常常也叫天官学宫廷模样，擎盘求露，乃

当年的天官府

至动作搞得很大，满世界都知道。至于徽州民间，更是不胫而走，传得神乎其神，有鼻子有眼，仿佛徽州天露就是神浆，凡人一旦得到，便可升天。

既然皇帝说，天降甘露最好，百姓就当与朝廷保持一致，大求猛吸才对。其中祁门安茶人更聪慧，他们认为，既然邻县齐云山能为堂堂皇上带来福胎皇子，说明徽州山水灵性肯定无双。现皇帝又求天露，说明徽州天露也是好东西。祁门乃徽州西陲，且与齐云山毗邻，无疑属上等宝地。道观虽无，然天露遍地，且地处深山，天露更纯更浓，如今皇帝未求，我等何不设法取用？再往深处想，倘若将此深山天露，施用于茶。一旦茶汲露，汁含甘，自然一体，天地结合，岂不是万物之首，神仙之饮，随时品，日日用，肯定更是人间难求饮品。有道是，世间事，不怕做不到，就怕想不到。至于如何将天露嫁接于茶叶的技艺，安茶人几乎不费吹灰之力，稍动脑筋，便想出招数，技术难关被攻克，难题迎刃而解。具体办法是：露水季节到，白天将干茶打火，褪尽水分，夜来置茶于野外，猛吸露水，次早收茶上蒸，以保茶露相融一体，不被流失，随后即进入包装、烘干等程序。祁门安茶人就这样巧妙而科学地将皇家养生之道，施用到安茶制作技艺中，久而久之，形成一道独一无二的工序，美其名曰就叫夜露。

❦ 夜露

传说虽神奇，事实真存在。今天安茶制作的14道工序中，在第10道果真就是夜露环节。如此制法，可谓古法怪法，在当今中国六大茶类中，绝无仅有，仅此一家。至于经过夜露的茶叶，具体会有什么成分变化，抑或产生怎样功效，至今仍是谜，期待后人解颐。

4．清代掉头走广东

安茶问世，上述仅为一种。至于真切由来，民间还有其他版本。譬如丁酉年，笔者采访祁南芦溪汪和信：我系孙义顺后人。关于安茶由来，曾说爷爷的爷爷说，祖上原做绿茶，某天遇一流浪汉，饿昏在门口，被祖上喂吃救醒，且留其在家打工。流浪汉感恩祖上待他不错，告知安茶手艺，说是此茶在广东特别好销。祖上按法炮制，运到广东，并不好销。后在去广东路上遇一中医，跌倒受伤，被祖上服侍治愈。适逢瘟疫，痢疾盛行，这中医为感谢，每剂药单中开3钱安茶作药引，吃好许多人，安茶从此出名畅销，回来后，祖上便建了孙义顺大号。

仔细分析此说，除创制时间不符外，说安茶因广东而兴，确实有理。因为安茶走到清代，先在京华爆响，后去广东走红，基本属不争事实。譬如清人评点京华习俗，有《开门七事》茶诗：金粉装修门面华，徽商竞卖六安茶。说的是茶店涂饰金粉，大肆装修门面，为的就是迎接徽商进京，大肆竞卖六安茶。六安茶到，酒馆说书是新曲，优伶不断换唱腔。通宵达旦，灯红酒绿，煮茶不但有茉莉花，更有了六安茶。又有：古甏泉踰双井水，小楼酒带六安茶。诗说京都街头不时增加茶店，街外北河二桥水也甘，但京人仍习惯携古甏到泉中汲水，而新开的酒楼饭肆，上茶即是六安茶。此诗作者在朝廷任内阁中书多年，其客居京华，印象深刻，晚年著成《乡言解颐》，信笔所及，皆成掌故，所撰《开门七事》，折射出京人对六安茶的推崇状态。

清康熙二十四年（1685），朝廷开放广州口岸，中国茶开始走出国门。老外闻甜而入，费银哗哗，乃至形成强大贸易逆差，诱导鸦片战争爆发。道光二十二年（1842），清廷败北，被迫再开国门，签下《南京条约》，形成五口通商。缘此，徽州茶叶如滚滚洪流，浩荡奔广州而去。以致民间传说，去广东卖茶，犹如河滩捡石，易如反掌，俗称"发洋财"。在此大潮推动下，祁门安茶理所当然改弦易辙，从京都掉头南下，蜂拥走广东。

安茶走广东，可谓水陆兼程。先由阊江至鄱阳湖，再入赣江达赣州；易小船溯章水而上，越大庾岭（今梅岭）入粤界南雄，至广州、佛山销售，其后再由此转销于境外。其中也有少数安茶，在南雄至广州中途，便零星外售，足见其受欢迎程度。安茶入粤，一路漂泊不定，故祁门茶人形象描述是"飘广东"，其艰难险阻，可想而知。然利润可观，形象描绘是"一飘三"，即一元投入，三元产出，受利益所驱，茶商铤而走险，冒死不辞，也是常态。

安茶入粤，时间通常在秋末。其时茶叶精制完毕，即装船外运。每船载量一般在100担许，往返时间通常为百天以上。一般是农历九月启程，到年冬腊月归家。关于这方面史料，今存仍多。如祁南景石村系安茶重要产地之一，该村《李氏宗谱》载：清乾隆至咸丰年间，李氏家族业茶商家有李文煌、李友三、李同光、李大镕、李教育、李训典等数十人，他们贩茶浔沪、远

🍃 祁门运茶船

客粤东。其中李训典祖上经营德隆安茶号，家谱有载：先是安茶生理胜算常操，而家中人丁繁衍，住屋不敷分配。先大夫意欲添建新居，扩充宿舍，讵料清光绪五年（1879），红、安两茶均遭亏折，继开景隆茶号又蒙巨创，元气由此大伤。十四年（1888），开设德和隆茶号与奇口，稍获盈余，方谓从此当有转机。再如民国间祁门茶业改良场场长胡浩川先生撰《祁红制造》载：祁门所产茶叶，除红茶

为主要制品外，间有少数绿茶，称安茶，每年约二千担至五千担，专销广东。另据1960年许正先生在《安徽史学》刊"安徽茶叶史略"载：清光绪以前，祁门原制青茶，运销两广，在粤东一带博得好评。从前产额约三千担左右，惟近来鲜有制之者。

通草画中的安茶

今日广州茶市

老号外围

至于民间物证，更有货真价实依据。譬如当今祁西乡村，还有一安茶百年老号，为鸦片战争前所建，至今至少150年。据此推算，正是安茶走两广兴旺时代，安茶所赚红利，令其家族奢华一把，可能只是九牛一毛。有关寻找此号故事，后文再叙。

5．民国先兴后断产

安茶走到民国，虽产量起伏，时有变化，然市场日大，趋势看好。譬如民国二年（1913）的祁南义顺茶号底票云：启者，自海禁大开，商战最剧，凡百货物非精益求精，弗克见赏同胞永固利权。本号向在六安选制安茶运往粤省出售，转销新旧金山及新加坡等埠，向为各界所欢迎。

此茶号不但茶销南洋，且远走欧美等国，为各界所欢迎，估计如无过人底气，不敢大言不惭。巧合是，学界果有旁证帮腔。如学者杨进发在《新金山——澳大利亚华人1901—1921》一文载：1918年，悉尼中华商会从国内购买茶叶，其中有六安茶200箱（每箱60磅）。寥寥数语，披露巨大信息：民国前期，安茶市场广阔，国内国外走红，南洋欧美通吃，非同小可。

光阴荏苒，岁月如梭。一直到民国中期，安茶销势仍旺。1933年，

史籍《祁门之茶业》

水运

时在祁门茶业改良场供职的傅宏镇先生在《祁门之茶业》中报道：（上年）该县所产除制造红茶外，尚有少数安茶之制造，为数仅二千担，专运两广销售，也是铁证。傅先生在《祁门之茶叶》还说：1932年祁门共有茶号182家，陈祁红茶号外，其余为安茶号，共计47家。其多用"顺""春"命名，以致民间有"三顺""四春"之说。其中除孙义顺号名声显赫外，其余"两顺四春"所指或许确有，或许因时而异，详情不得而知。这些茶号有一共同点，即基本沿阊江两条主要河流，即大洪水和大北水中下游两岸布局，兴旺景象，非同一般。具体详情如下：

牌号	经理	地址	牌号	经理	地址
孙义顺	汪日三	南乡店埠滩	王瑞春	王烈川	南乡严潭
新和顺	江启华	南乡店埠滩	李雅春	李思甫	南乡景石
向阳春	江伯华	南乡店埠滩	李鼎升	李摘藻	南乡景石
汪鸿顺	汪醒伯	南乡芦溪	廖仲春	廖子芳	西乡石门桥
汪锦春	汪锦行	南乡查湾	廖雨春	廖子钧	西乡石门桥
向阳春	胡凤廷	南乡溶口	汪永顺	汪润昌	西乡历口
李垣春	李竹齐	南乡溶口	济和春	汪济澜	西乡历口
胡季春	胡达明	南乡溶口	王占春	王秀光	西乡历口
玉壶春	胡皎镜	南乡溶口	汪先春	王锡惠	西乡历口
胡广生	舒瑞云	南乡溶口	同春和	王伯棠	西乡箬坑
历山春	胡绍虞	南乡溶口	方复泰	方柱丞	西乡何家坞
王德春	王佐卿	南乡严潭	郑志春	郑志春	南乡奇岭
王大昌	王立中	南乡严潭	郑境春	郑达章	南乡奇岭
胜春和	汪旭芬	南乡店埠滩	长春发	李龙章	南乡奇岭
汪怡诚	汪礼和	南乡店埠滩	胡永昌	胡志川	南乡贵溪
孙同顺	汪俊伦	南乡芦溪	长兴昌	胡远芬	南乡贵溪
汪赛春	汪西如	南乡芦溪	汪志春	汪渭宾	西乡历口
一枝春	汪素珍	南乡查湾	振铨春	王振文	西乡历口
胡占春	胡制周	南乡溶口	许茂春	许锡三	西乡历口
胡祥春	胡培本	南乡溶口	映华春	吴烈辉	西乡历口
胡锦春	胡肖昭	南乡溶口	锦江春	倪鉴吾	西乡渚口
胡元春	胡占开	南乡溶口	康秧春	康律声	南乡倒湖
胡万春	胡速周	南乡溶口	郑霭春	郑霭瑞	南乡奇岭
胡义顺	胡守中	南乡溶口			

三、独一无二的古法

1. 原料最佳是洲茶

安茶原料有点怪，说是洲茶最好。

懂茶的人都知道，高山出好茶。所谓高山好茶，条件有四：不高不低的海拔，不大不小的面积，不阴不阳的环境，不早不迟的原料。

什么叫洲茶？即为长在河洲边的茶叶。

安茶故乡祁门，地处黄山西麓，地理坐标：北纬29°35′～30°08′，东经117°12′～117°57′，属神奇的北纬30°线。山拥千嶂水绕田，群峰参天丘屏列；岭谷交错波流环，清荣峻茂水秀灵。缘此构成九山半水半分田的土地结构，优美自然画，天造神境图，被冠以国家级生态示范区，有过之而无不及。2014年后，又屡获全国百佳深呼吸小城桂冠。

❦ 祁门生态在央视的广告画面

❦ 原七里桥茶园

祁门为中国红茶之乡，安茶生长环境与祁红相比，既相同也不相同。

　　相同者，地形、气候、植被、土壤均一流，是为茶树天堂。地形以小块丘陵为主，中山、低山、丘陵、山间盆地和河谷平畈相互交织，呈网状分布，构成巨形枫叶状。最高牯牛降，海拔1 728米，最低倒湖，海拔79米，相对高差1 649米。地势自北向南倾斜，西北部黄山西脉绵延，山峦起伏，构成天然屏障，有效阻挡冬季寒风，属典型亚热带季风气候，日照偏少，雨量充沛，无明显酷暑严寒，四季分明。春季冷暖变化大，光照不足阴雨多；夏季温高湿度大，降雨集中易成灾；秋季常有夹秋旱，白天温高早晚凉；冬季寒冷湿度小，多晴少雨易干旱。尤其春夏季节云雾缭绕，云以山为体，山以云为衣，气温垂直变化明显，形成许多小气候地域。年均日照190天，年均雾日89天，年均无霜期235天，年均气温27.3℃，年降水量在1 600毫米以上，尤以茶季4—6月为多，晴时早晚遍地雾，阴雨成天满山云，有利于茶叶内含物质形成。植被因山多林密，郁郁葱葱，苍翠欲滴，森林覆盖率达80%以上，为茶园提供丰富养分。土壤主要由千枚岩、紫色叶岩等风化为七大类，即红壤、黄壤、黄棕壤、石灰岩土、紫色土等，其中适茶的红壤、黄壤、黄棕壤、石灰岩占86.7%。土层肥厚，结构良好，透气性、透水性和保水性均佳，水分充足，酸碱适中，pH为5～6，含有较丰富的氧化铝与铁质，钾含量高于其他茶区。

　　不同者，安茶茶园多分布于河流两岸流域，海拔通常在800米以下，尤以河洲地为最佳。不但土地肥沃，且河雾蒸腾，茶地植被茂盛，且常年承接丰富水雾，为得天独厚天然条件，人称茶园仙境。祁门河流有阊江、文闪、新安、秋浦4水系，长度213.9公里，流域面积1 914.6平方公里，占全县总面积82.1%。其中阊江为主要河流，源于县北大洪岭，南流至江西景德镇，脱掉"门"字名昌江。景德镇原名昌南镇，因盛产瓷器而闻名，中国英语单词China，即是缘昌南谐音而名。阊江经此入鄱阳湖，全长253公里，为祁门母亲河。该河在县境内主要分大洪水和大北水2条主河，大洪水至南乡水面宽阔，先后再纳严潭河、查湾河、奇岭河、罗村河诸水，在倒湖汇大北水形成阊江，后入江西境，流长79.8公里，流域面积1 059.4平方公里；大北水经历口后，再纳叶村河、伊坑河、文溪河等，至倒湖会大洪水入阊江，流长71.4公里，流域面积523.9平方公里。文闪河、新安河也属阊江水系。河流沿途群山环抱，山环水绕，水随山转，湍急水流带来大量泥土，冲击出成片的河流平地，形成积扇地貌和近河岸的中低山区，周围竹木葱茏，常年雾霭萦绕，山上树木和洲地间作的乌桕树为茶树遮阴，日光照射迟缓，同时枯枝落叶丰厚，土地尤其肥沃。土壤肥力充足，茶树吸收最好养料，高大健壮，芽叶肥硕，形成质量上乘的"洲茶"。

Ⴤ 阊江水域

Ⴤ 芦溪生态

沃土孕育灵草香。大洪水、大北水中下游村庄中有溶口、严潭、景石、查湾、店铺滩、芦溪、历口、渚口等，均为安茶传统产地。尤其在芦溪乡倒湖一带，大洪水、大北水于此相汇，民间称公河、母河碰面，水面宽阔，碧波荡漾。然每至春夏，雨水集中，其中一河涨水，另一河水位必定倒灌，故名倒湖。若两河同时涨水，因泄洪不及而倒灌，由此导致周边大量茶地短暂受淹。易涨易落山溪水，洲茶面积缘此扩大，绵延几十里不绝，受大地哺育，茶质特别优良。有史为证，民国二十二年（1933）《祁门之茶业》载：全县安茶号47家，其中布局大洪水流域34家，大北水流域13家。

之所以，1975年安徽人民出版社出版《祁红》，就有专门诠释洲茶的文字：河流两岸狭长地区的冲积平地上，有许多成片茶园，俗称洲茶。每年洪水泛滥时，带来的河泥沉积在茶园里，成为茶树良好肥料，因而茶树生长高大健壮。这种洲茶的面积，占全县茶园总面积的10%～15%。此中弦外音有三：一是茶地肥力强，孕茶叶芽壮；二是环境雾气重，育茶内质好；三是周边林象茂，茶叶香气高。以此原料制安茶，定是好茶！

❦ 山边茶地

❦ 水边茶地

❦ 河洲茶园

缘此，2013年国家市场监督管理总局批准安茶为地理标志保护产品，范围界定祁门县15个乡镇：芦溪乡、溶口乡、平里镇、祁红乡、塔坊乡、大坦乡、祁山镇、金字牌镇、小路口镇、渚口乡、历口镇、古溪乡、闪里镇、新安乡、箬坑乡，6镇9乡皆属大洪水、大北水流域，总面积1 830.83平方公里。

2．茶种原来故事多

祁门安茶煞可爱，正如上文所说，是老茶、是香茶。缘此，人们就不得不追根溯源去掘其根底，即茶种问题。

祁红茶乡，茶园漫无边际铺叠，无论历史遗留，即传统的满天星式山茶，还是近代创新的连片梯形条播茶园，远近高低，苍莽起伏，形成靓丽风景。其中是一批群体性品种，诸如槠叶种、柳叶种、栗漆种、紫芽种、大叶种、迟芽种、早芽种和大柳叶种，共计8个。其中部分代表性品种，很早就被国内十几个省和国外一些地区引种。据引种地区所发表的文献表明，这些品种具有适应性强、产量稳定、制茶品质优良等特点，属重要的茶树良种。其中最为人引以为傲的品种，名曰：槠叶种，是为主角。安茶最好原料洲茶，基本是此品种。

❦ 梯形茶园

🌿 茶地环境

🌿 水边茶地

　　所谓槠叶种，顾名思义，实因叶片形状与祁门苦槠树相似而得名。因其属祁门积千年种茶经验而遗留品种，绝大部分茶树栽种在土壤肥沃、土层深厚深山。又因祁门历来讲究选种，经多年培育，才形成树势高大健壮、芽叶肥壮、基础性好秉性。树形为灌木，中等叶，树姿半开，叶形为椭圆或长椭圆形，芽叶为黄绿色，茸毛中等。由于持嫩性强，产量高，适应性强，在祁门茶种中名列榜首，属当家品种，历为生产安茶的主要原料。毫无疑问，也是后起之秀祁红的主要原料。

因槠叶种属有性系中芽种，发芽整齐，抗寒性高。故而到1949年后，祁红地位大提升，而安茶因过于小众被计划经济体制忽视。即槠叶种并未因安茶衰落受株连，仍继续坚挺，一路走红。首先，为进一步选育茶树良种，从1955年起，安徽祁门茶叶研究所从槠叶、紫芽等群体中，分离单株，经多年精心培育鉴定，育出一批优良品种，其中国家级良种6个：槠叶种、安徽1号、3号、7号和杨树林783和凫早2号。6个品种中，槠叶种既是先人汗水的馈赠，也是后人智慧的果实。安徽1号、3号和杨树林783、凫早2号，即属于传承槠叶种优

❥ 幼龄茶棵

❥ 槠叶种茶树

❥ 茶苗

三、独一无二的古法

1．原料最佳是洲茶

安茶原料有点怪，说是洲茶最好。

懂茶的人都知道，高山出好茶。所谓高山好茶，条件有四：不高不低的海拔，不大不小的面积，不阴不阳的环境，不早不迟的原料。

什么叫洲茶？即为长在河洲边的茶叶。

安茶故乡祁门，地处黄山西麓，地理坐标：北纬29°35′～30°08′，东经117°12′～117°57′，属神奇的北纬30°线。山拥千嶂水绕田，群峰参天丘屏列；岭谷交错波流环，清荣峻茂水秀灵。缘此构成九山半水半分田的土地结构，优美自然画，天造神境图，被冠以国家级生态示范区，有过之而无不及。2014年后，又屡获全国百佳深呼吸小城桂冠。

❧ 祁门生态在央视的广告画面

❧ 原七里桥茶园

祁门为中国红茶之乡，安茶生长环境与祁红相比，既相同也不相同。

相同者，地形、气候、植被、土壤均一流，是为茶树天堂。地形以小块丘陵为主，中山、低山、丘陵、山间盆地和河谷平畈相互交织，呈网状分布，构成巨形枫叶状。最高牯牛降，海拔1 728米，最低倒湖，海拔79米，相对高差1 649米。地势自北向南倾斜，西北部黄山西脉绵延，山峦起伏，构成天然屏障，有效阻挡冬季寒风，属典型亚热带季风气候，日照偏少，雨量充沛，无明显酷暑严寒，四季分明。春季冷暖变化大，光照不足阴雨多；夏季温高湿度大，降雨集中易成灾；秋季常有夹秋旱，白天温高早晚凉；冬季寒冷湿度小，多晴少雨易干旱。尤其春夏季节云雾缭绕，云以山为体，山以云为衣，气温垂直变化明显，形成许多小气候地域。年均日照190天，年均雾日89天，年均无霜期235天，年均气温27.3℃，年降水量在1 600毫米以上，尤以茶季4—6月为多，晴时早晚遍地雾，阴雨成天满山云，有利于茶叶内含物质形成。植被因山多林密，郁郁葱葱，苍翠欲滴，森林覆盖率达80%以上，为茶园提供丰富养分。土壤主要由千枚岩、紫色叶岩等风化为七大类，即红壤、黄壤、黄棕壤、石灰岩土、紫色土等，其中适茶的红壤、黄壤、黄棕壤、石灰岩占86.7%。土层肥厚，结构良好，透气性、透水性和保水性均佳，水分充足，酸碱适中，pH为5～6，含有较丰富的氧化铝与铁质，钾含量高于其他茶区。

不同者，安茶茶园多分布于河流两岸流域，海拔通常在800米以下，尤以河洲地为最佳。不但土地肥沃，且河雾蒸腾，茶地植被茂盛，且常年承接丰富水雾，为得天独厚天然条件，人称茶园仙境。祁门河流有阊江、文闪、新安、秋浦4水系，长度213.9公里，流域面积1 914.6平方公里，占全县总面积82.1%。其中阊江为主要河流，源于县北大洪岭，南流至江西景德镇，脱掉"门"字名昌江。景德镇原名昌南镇，因盛产瓷器而闻名，中国英语单词China，即是缘昌南谐音而名。阊江经此入鄱阳湖，全长253公里，为祁门母亲河。该河在县境内主要分大洪水和大北水2条主河，大洪水至南乡水面宽阔，先后再纳严潭河、查湾河、奇岭河、罗村河诸水，在倒湖汇大北水形成阊江，后入江西境，流长79.8公里，流域面积1 059.4平方公里；大北水经历口后，再纳叶村河、伊坑河、文溪河等，至倒湖会大洪水入阊江，流长71.4公里，流域面积523.9平方公里。文闪河、新安河也属阊江水系。河流沿途群山环抱，山环水绕，水随山转，湍急水流带来大量泥土，冲击出成片的河流平地，形成积扇地貌和近河岸的中低山区，周围竹木葱茏，常年雾霭萦绕，山上树木和洲地间作的乌桕树为茶树遮阴，日光照射迟缓，同时枯枝落叶丰厚，土地尤其肥沃。土壤肥力充足，茶树吸收最好养料，高大健壮，芽叶肥硕，形成质量上乘的"洲茶"。

❥ 阊江水域

❥ 芦溪生态

沃土孕育灵草香。大洪水、大北水中下游村庄中有溶口、严潭、景石、查湾、店铺滩、芦溪、历口、渚口等，均为安茶传统产地。尤其在芦溪乡倒湖一带，大洪水、大北水于此相汇，民间称公河、母河碰面，水面宽阔，碧波荡漾。然每至春夏，雨水集中，其中一河涨水，另一河水位必定倒灌，故名倒湖。若两河同时涨水，因泄洪不及而倒灌，由此导致周边大量茶地短暂受淹。易涨易落山溪水，洲茶面积缘此扩大，绵延几十里不绝，受大地哺育，茶质特别优良。有史为证，民国二十二年（1933）《祁门之茶业》载：全县安茶号47家，其中布局大洪水流域34家，大北水流域13家。

之所以，1975年安徽人民出版社出版《祁红》，就有专门诠释洲茶的文字：河流两岸狭长地区的冲积平地上，有许多成片茶园，俗称洲茶。每年洪水泛滥时，带来的河泥沉积在茶园里，成为茶树良好肥料，因而茶树生长高大健壮。这种洲茶的面积，占全县茶园总面积的10% ~ 15%。此中弦外音有三：一是茶地肥力强，孕茶叶芽壮；二是环境雾气重，育茶内质好；三是周边林象茂，茶叶香气高。以此原料制安茶，定是好茶！

❦ 山边茶地

❦ 水边茶地

❦ 河洲茶园

缘此，2013年国家市场监督管理总局批准安茶为地理标志保护产品，范围界定祁门县15个乡镇：芦溪乡、溶口乡、平里镇、祁红乡、塔坊乡、大坦乡、祁山镇、金字牌镇、小路口镇、渚口乡、历口镇、古溪乡、闪里镇、新安乡、箬坑乡，6镇9乡皆属大洪水、大北水流域，总面积1 830.83平方公里。

2．茶种原来故事多

　　祁门安茶煞可爱，正如上文所说，是老茶、是香茶。缘此，人们就不得不追根溯源去掘其根底，即茶种问题。

　　祁红茶乡，茶园漫无边际铺叠，无论历史遗留，即传统的满天星式山茶，还是近代创新的连片梯形条播茶园，远近高低，苍莽起伏，形成靓丽风景。其中是一批群体性品种，诸如楮叶种、柳叶种、栗漆种、紫芽种、大叶种、迟芽种、早芽种和大柳叶种，共计8个。其中部分代表性品种，很早就被国内十几个省和国外一些地区引种。据引种地区所发表的文献表明，这些品种具有适应性强、产量稳定、制茶品质优良等特点，属重要的茶树良种。其中最为人引以为傲的品种，名曰：楮叶种，是为主角。安茶最好原料洲茶，基本是此品种。

❦ 梯形茶园

🌱 茶地环境

🌱 水边茶地

所谓槠叶种，顾名思义，实因叶片形状与祁门苦槠树相似而得名。因其属祁门积千年种茶经验而遗留品种，绝大部分茶树栽种在土壤肥沃、土层深厚深山。又因祁门历来讲究选种，经多年培育，才形成树势高大健壮、芽叶肥壮、基础性好秉性。树形为灌木，中等叶，树姿半开，叶形为椭圆或长椭圆形，芽叶为黄绿色，茸毛中等。由于持嫩性强，产量高，适应性强，在祁门茶种中名列榜首，属当家品种，历为生产安茶的主要原料。毫无疑问，也是后起之秀祁红的主要原料。

因槠叶种属有性系中芽种，发芽整齐，抗寒性高。故而到1949年后，祁红地位大提升，而安茶因过于小众被计划经济体制忽视。即槠叶种并未因安茶衰落受株连，仍继续坚挺，一路走红。首先，为进一步选育茶树良种，从1955年起，安徽祁门茶叶研究所从槠叶、紫芽等群体中，分离单株，经多年精心培育鉴定，育出一批优良品种，其中国家级良种6个：槠叶种、安徽1号、3号、7号和杨树林783和凫早2号。6个品种中，槠叶种既是先人汗水的馈赠，也是后人智慧的果实。安徽1号、3号和杨树林783、凫早2号，即属于传承槠叶种优

❧ 幼龄茶棵

❧ 槠叶种茶树

❧ 茶苗

良品质的后起之秀。其中安徽1号、3号属灌木型大叶类中芽种，被全国茶树良种审定委员会认定为国家级无性系茶树良种；杨树林783属灌木型大叶中生偏早种，育芽力强，发芽较整齐，适应性强，产量高，也属国家级无性系茶树良种；凫早2号为特早生国家级无性系茶树良种。其次，槠叶种不但被苏联作为优良茶种引种，以及作为选种大力推广，如格鲁吉亚10号就是由此选育而成。乃至在国际也赢得青睐，成为世界著名良种，先后被日本、印度、斯里兰卡、越南和东非一些国家引种。再次，槠叶种被国内浙江、广东、福建、广西、江苏、江西、湖南、湖北、贵州、陕西、山东等省先后引种栽培，1982年被定为省级地方良种，1984年经全国茶树良种审定委员会审定，定为全国茶树良种，又名祁门种，大力推广。2002年被审定为我国新一代国家级茶树良种，2003年由农业部批准立项，总投资1 300万元的安徽省茶树育种中心在祁门落地。项目由安徽农科院茶叶研究所实施，目标是应用基因工程和组培微繁等生物技术，5年培育1 ~ 2个茶树新品种，保存茶树优选品种1 000份，年繁殖茶树良种苗过亿株，使之成为长江中下游地区最大的茶树良种繁殖基地。

茶研所育种基地

3. 制作尊重的两个节气

中国人做茶，就节气论，春始夏收，少数延至秋，大差不差。偏安茶另类，春始夏制秋还做，甚至拖延到初冬，其中必经谷雨、白露二节气，时间跨度超半年。周期之长，频率之慢，貌似一副懒样，其实乃属科学。

安茶技艺，归根结底，与他茶一样，也是万变不离其宗的两大工段：初制、精制。初制属大路货，因技艺要求不高，门槛低，故相对容易掌握。旧时，既有茶号收购生叶自行加工，也有根据路程远近，收购农家湿坯加工，无论哪种都行。现在初制，基本为厂家收生叶，抑或农家自行加工二种。初制工序共有4道：摊青、杀青、揉捻、干燥。摊青也叫晒青，鲜叶摊于竹垫，厚约3～5厘米，每隔半小时翻一次，一般2小时后，见叶柔枝软色乌绿，光泽消失即可。如遇老叶，摊青则需3小时以上。杀青在铁锅进行，每锅投叶10斤许，高温翻炒，温度60～120℃，先高后低，手法与炒青同。揉捻一般有手工和机揉两种，手揉用布袋装青叶，用力搓揉20分钟左右，倒出茶叶，解散团块，装袋复揉，至基本成条；

Ψ 晒胚

机采用中小型揉捻机，叶量较多，揉捻约 40 分钟，待成条率 80% 以上，下机解块，再复揉 20 分钟左右。揉后稍作渥堆发酵，晴天直接将揉后茶叶置阳光下晒坯，七成干即可；雨天将茶叶摊于竹篓，厚度 15～20 厘米，半小时即可。干燥有手工和机制两种。手工根据干燥锅或烘篮大小，加入适量揉捻叶，反复翻炒（烘）至八成干，起锅（笼）摊凉，然后复炒（烘）至足干。初制成的干茶泛黑有光泽，汤色、滋味及叶底，几近青茶，是为毛茶，属半成品。

正因安茶初制无妙诀、没要领，操作方便，故对原料要求颇高。基本标准是，芽叶具一定成熟度，过嫩过老均不行。这就对鲜叶采摘提出严格要求：一般要求采一芽二叶、一芽三叶或对夹叶为主，其中以芽蕊最好，不可采鱼叶、老叶、病虫叶、茶果、茶梗等夹杂物。鲜叶采回按嫩度和品质，分为一、二、三级。一级以一芽一叶、二叶初展为主，二级以一芽二叶、三叶初展为主，三级以一芽三叶、四叶和对夹叶为主。同时贮存要干燥、通风、荫蔽，分级摊放，3 小时许翻一次，雨水叶和非雨水叶要分开。

若想获取这样高等级鲜叶，即对采摘时间提出苛刻要求。安茶人通过数百年实践，最终摸出门槛：谷雨前一周开摘，至立夏收尾为最佳。换句话说，即谷雨是关键节点，需高度重视。其中除低档茶可适当延长时间外，其他等级茶，不可轻易逾越。通常春夏茶搭配规律：春茶 100 斤，夏茶 20 斤。而对于特别讲究的香港资深茶客来说，他们要求立夏后茶叶，无论如何还要低于此比例。

 磨筛

 提香

❧ 拍摄夜露　　　　　　　　　　　❧ 架烘　　　　　　　　　　　❧ 槽烘

　　安茶加工，除却谷雨当为必须尊重的第一节气外，必须尊重的第二节气则是白露。

　　因安茶介于红茶、绿茶之间，为后发酵紧压茶，工艺繁琐，手续复杂，时间较长，前后达半年以上，其中精制工段费时最多。精制有筛分、风选、拣别、拼配、高火、夜露、蒸软、装篓、架烘、打围，计10道工序。筛分：毛茶因回软，先须复烘，再以茶筛分出9个号头等级。旧时筛分以江西河口茶师最拿手，现以本土茶师为主。风选：目的在除去黄叶、茶朴。拣别：旧时用手工剔除茶梗等杂物，现多以拣梗机代替。拼配：在室内，按号头茶，以晒垫分层堆放，再按级别均堆拼配。属茶末，则单独存放包装。夜露：白露节气后，选晴天有雾夜晚，白天先对干茶进行高温打火，越干越好。再置竹垫于室外，将高火后干茶铺其上，以厚约10厘米、宽约20厘米开沟，且每隔数小时许翻一次，以尽吸露水，至次晨才收起。蒸软：旧法将茶叶放入木甑中，木甑置水锅炉灶，高温蒸制。现一般以铁锅蒸制，经数十分钟蒸茶至软，掀锅取出。装篓：将蒸茶趁热装入内衬箬叶的竹篓，过秤足量，压紧压实。架烘也叫干燥：篓装茶扎成条，置于烘架，抑或烘槽，温度120℃，每槽2 000斤许，上盖棉被，下置炭火，烘足24小时。棉被作用除吸收茶叶湿气外，还能使槽内热气循环，安茶受热均匀，至手摸棉被再无潮湿感，烘干即算完成。再经一夜冷却后打捆。打捆即打围：以若干条状篓茶为一堆，外以箬叶竹篾扎成大件，后置于通风、荫凉、干燥茶库，至此安茶加工全部完成，等待外售，抑或自然陈化。

　　精制中高火、蒸软最为神秘。高火也叫打足火，一般以烘笼进行，投料3千克许，温度为100～110℃，数小时间，需翻动4次。此工序极具技术，火小干度不够，火大至茶焦味，均影响后面的夜露和蒸软。蒸软属成型的前奏，要领在掌控锅温，时间长短最为重要，虽说也就三五分钟，然根据锅温把控，非七八年工龄茶师难以掌握。链接高火和蒸软两道工序的中间过渡，即夜露，这是中国茶类中唯一使用的工序。晴夜里，将高火后的茶叶，铺在室外晒垫上，厚约10厘米，半夜翻动几次，次晨收起。其秘诀有三：一是必须要用天然露水。即规矩茶家从不以其他水分替代，以追求生态自然，营养丰富为目的。为此，依据祁门茶区气候条件，通常要待农历七月过后方可。二是必须露水浓郁，目的是使茶叶足量饱满吸收后，干茶变软。倘因气候原因，遇露水轻微，茶家一般将时间后推。三是必须均衡吸露。即铺茶厚度和翻动频率，马虎不得，目的是使茶叶形成轻微发酵，且程度一致。

 高火

蒸茶

❧ 称量　　　　　　　　　　　　　　❧ 装篓

成品安茶外形紧结匀齐，身骨重实；色泽黑褐尚润；干茶带花香，香气高长；滋味醇爽，带槟榔香；汤色橙黄明亮，剔透莹润；叶底黄褐明亮，带红斑，叶脉浅红色，韧性好。2013年3月起，安茶实施安徽省级地方标准，按品质差异，分为特贡、贡尖、毛尖、一级、二级5个等级。

❧ 特贡　　　　　❧ 贡尖　　　　　❧ 毛尖　　　　　❧ 一级　　　　　❧ 二级

再次强调，安茶属古法生产，在整个加工过程中，谷雨、白露两节气至关重要。谷雨是关键的采摘节令，前后半月为黄金季节。其时空气湿度大，鲜叶持嫩性好，芽叶水质细腻，为上等生叶原料质量的最佳生命线；白露是精制工段至关重要的节令，水土湿气凝而为露，其时秋高气爽，平均日温20℃左右，夜间下降6～10℃。若白天晴朗无雨、夜间凉爽，朝夕有雾，此时茶叶承露，往往易现秋香特点。反之，非此节令前后，无以接受来自大自然的雾气和露水，安茶质量大受影响。

4．包装暗藏妙绝玄机

安茶制毕，不可急用，当摆放三年，即所谓三年一熟，静待陈化。其中玄奥道理，是科学依据？抑或祖传秘方？不好说，反正流传数百年，按存在即合理的逻辑推论，肯定有其原因。

前面说过，安茶包装用料无非是竹篾箬叶类，分为篓、条、件3种单位，以包罗无极的星宿三十六天罡、七十二地煞吉祥数字取意，4件1担或2件1担，以方便肩挑和上下装卸。随社会发展，交通条件改观，肩挑人驮基本绝迹，为便于运输和提高效益，如今安茶包装规格也与时俱进，即里层篓装条状基本不变，外层总量和体积有所改变。具体说有半斤装、1斤装、2斤装3种。半斤篓长约13厘米，高约7厘米，两篓成组为1斤；4组相扎为条，7条相捆成件，即28斤，所取是二十八星宿之意；1斤篓为传统规格，为方便装卸，也改为每条10篓5组，10条成件，即60斤；2斤篓与1斤篓相似，每件为120斤，通常视客户需要而定。以上三种包装规格，具体使用视茶叶等级而定，通常是半斤篓装高档特贡，1斤篓装中高档茶贡尖、毛尖等，2斤篓装低档的一级、二级为主。除却上述古法外，

煮篓

蒸茶

篓装

❧ 打围　　　　　❧ 成件　　　　　❧ 茶库

现时根据客户需求，抛开小篓，以3斤、5斤、6斤抑或10斤篓等包装不等，有的还外用成套纸盒，以及塑料袋等时尚包装。

篓最小，条为中，件为大，其实都是外装。安茶还有内装，典雅文气，内涵丰富，韵味十足，令人爱不释手。具体说，即是藏掖茶中的3张不同颜色茶票，分别置于茶件、茶条、茶。祁门产区规范称呼，叫面票、腰票、底票，港澳台也称茶飞。旧时茶篓，甚至还附有官方注册证明书、衙门公堂告示复制件等。而今安茶仍坚守传统本色，矢志不移，成品安茶外售，必须置放茶票。其中面票，旧时称报单，放茶件面部，拆封即见；腰票放于每条中间，拆条可见；底票即藏在茶篓内部，茶叶喝完至箬叶，方可见到。

❧ 面票、腰票、底票

关于三票说法，现今芦溪江南春老板汪升平说还有一种，即在一篓茶中，面上置字号票为面票，篓边置红纸文字者为腰票，篓底置正面为农工商部注册商标、反面为南海县衙公告文字票为底票。查阅台湾《茶艺》，果然也有此说。缘此类推，则规格最小的茶票，就有两种功能，即既是底票，也作面票。

三票的作用，旨在防伪，其上一般写原料要求、牌号历史、茶企名称等，以验明正身，防止假冒，同时也是实力和文化的象征，字里行间，茶企几斤几两，势必透票而出，原形毕露。三票中以底票最为讲究，类似今天的商品说明书，图案幽雅精致，雕刻精湛细腻，语言生动趣味。

更有甚者，除茶票外，旧时有的茶商在茶篓中，再藏玄机，如不仔细辨别，很难发现。如孙义顺号茶票向有"本号茶篓内票三张：底票、腰票、面票。上有龙团佳味字样，并秋叶印为记，方是真孙义顺六安茶，庶不致误"字句，表面看普通平常，与其他号无异，貌似走走形式。然细究内涵，定有玄机。这就是茶篓中，果真藏有一枚树叶，躲在篓下，深藏不露，旨在表示说话算数，绝非象征性写什么"秋叶印为记"。此外，白色腰票和红色面票上，通常盖有朱砂印，也是不易发现的玄机。所有这些细节，不仔细辨识，很难察觉。其良苦心计，非一般商家所能想

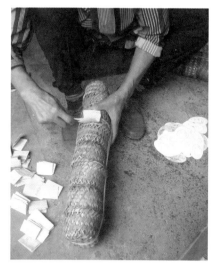

放票

藏有三票的茶篓

到做到，其根本目的，无非是避免官司纠纷。无事则罢，一旦走上法庭，即为商家硬通文件，铁证如山。

安茶商家有如此多手段防伪，作用无非两种：一是安茶好，市场走俏，假冒伪劣多，以假乱真，不得不防；二是特殊标记，独家所有，以便在众多同类中脱

颖而出，方便辨识。至于后来，
茶篓中再置放巴拿马万国博览
会奖状之类文字，则是民国中
期的事了。

大俗则大雅，安茶包装古
朴、天然、韵味十足。尤其有
品位的文化人，人见人爱，之
所以传承至今，商家坚守。如
春泽号所有包装中，面票、腰票、底票三种俱全，一张不缺，既为商家传统，也
是文化传承。同时，各种新款包装陆续面世，茶票仍不可少。

2014年，祁门芦溪安茶的包装内盒及外盒，分别获国家知识产权局颁发的
实用新型专利证书，竹篓获国家知识产权局颁发的外观设计专利证书。

5. 储藏有秘诀命穴

安茶卖点，贵在陈化，陈化命穴，妙在储藏。

安茶储藏时间一般为3年以上，即民间所说：三年一熟，越陈越醇，越陈越香，
越陈越涨（价）。储藏目的在于退尽火气，吸氧蜕变。陈化时间，每段光阴都是
不可置换的经历，茶叶成分转换，益生菌生长，道理深刻玄奥，过程充满学问。

安徽省农业科学院茶叶研究所黄建琴、王烨军在《安茶品质及化学成分研
究》中，对安茶多酚类组成及其氧化物进行分析研究，认为安茶的儿茶素含量较
低，主要是在渥堆过程中，酯型儿茶素水解为非酯型儿茶素，更多的是由于没食
子儿茶素（GC）类的氧化、聚合而使茶多酚降低。此外，由于加工过程中产生
的氧化作用，而生成了茶黄素类，也使安茶的儿茶素含量下降。安茶特有品种和
陈香是在制作过程中后发酵形成的，一定时间后，生茶中的主要化学成分茶多
酚、氨基酸、糖类等各种物质之间发生变化，使得汤色、香味更为理想，称为熟
茶，熟安茶具有温和的茶性，茶水丝滑柔顺，醇香浓郁，更适合日常饮用。其液
相色谱图及比较表格如下：

安茶主要品质成分分析

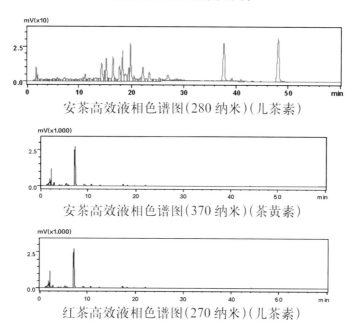

安茶高效液相色谱图(280纳米)(儿茶素)

安茶高效液相色谱图(370纳米)(茶黄素)

红茶高效液相色谱图(270纳米)(儿茶素)

安茶、红茶和绿茶儿茶素组成与茶黄素组成比较（Arec%）

茶类	儿茶素组成						茶黄素组成				
	EGC	DLC	EC	EGCG	ECG	合计	TF1	TF2	TF3	TF4	合计
安茶	2.297	2.309	0.141	2.515	0.519	7.781	0.204	0.053	0.008	0.016	0.281
红茶	1.612	3.752	0.552	2.097	1.891	9.904	0.196	0.450	0.128	0.705	1.479
绿茶	1.623	3.623	0.144	27.979	9.002	42.371	—	—	—	—	—

安茶感官品质审评

外 形				内 质			
条索	整碎	色泽	净度	香气	滋味	汤色	叶底
紧实肥壮	较匀整	乌黑油润	匀净	茶箬浓醇	醇厚甜	橘红澄明	肥厚青匀

专家所言：一定时间后，生茶中的主要化学成分茶多酚、氨基酸、糖类等各种物质之间发生变化，使得汤色、香味更为理想。如此原理，有点类似窖藏葡萄酒。

欧洲葡萄酒是人类利用有益微生物进行发酵，通过古老及现代改进的工艺制造而出，在良好贮藏条件下，具有越陈越香的特殊品质。另据专家研究，认为中国黑茶也一样，说是良好的贮藏条件之一，就是需要在周年中有一段温度较冷（10℃左右）的贮藏期。安茶产区祁门有这样的温度至少在3个月以上，缘此，祁门储藏安茶最好。民国期间，祁南溶口最后一批贮藏9年以上的安茶运港，因质量上乘，圆满销售，堪称最好范例。

原来如此，安茶是有生命的，生命在于运动，运动过程就是储藏，即不断吸收氧气，不断释放水气，亦即陈化。陈化就是体验四季变化，春发、夏化、秋聚、冬眠，茶叶根据季节交替，潜移默化，品质转换，内涵不断变化，层次越发丰富，时间越久，茶叶就会越黑越亮越干，汤味就会越浓越红越醇，完全陈化到位的安茶，重量通常要打七折。经多年陈化贮藏的安茶，有一种妙不可言的独特味道，业内称为陈化茶、年份茶、老茶。

茶最易受潮，储存过程中，对温度、湿度、通风等均有较高要求。香港资深茶人杨建恒，一直以来致力于收藏各种陈年老茶，对安茶储藏有精深研究。他认为老安茶存世较少，可能与茶性有关，或因嫩芽，在储存过程中，易受潮；或因

Ψ 藏茶阁楼

Ψ 老号贮茶间

自然条件，空气干湿度不同，与同时存放于香港传统茶库中的普洱相比，安茶更易吸收湿气，很快会出现灰白色，故储藏需要花费更多心思。

安茶储藏过程中，防止霉变，至关重要。预防黄曲霉菌繁殖生长，要诀有二：阳光和氧气。之所以，储茶场所和环境至关重要，通常方式有商家和私家两种。商家一般以仓库储存，茶库六面最好为杉木板，木质松散，易吸水分，同时因天长日久，储存益生菌和香气，利于茶叶陈化。茶库要求高地板，小窗户。高地板以远离地面湿气，保持干燥；小窗户利于通风透气，保持空气新鲜，同时避免阳光直接辐射。除梅雨季节窗户必须紧闭外，其他时间基本开放，以保持通风干燥，空气清新，干湿适度。常温以22～26℃为最好，相对湿度以75%～85%为佳，以适宜微生物种群（有益菌类）生长繁殖。有益菌生生不息，与茶叶本身形成完整生物链，有利于促进内含物质转化。茶库茶叶堆放也有学问，

❦ 库存

❦ 茶库一角

一般以几十大件为一码，码与码之间，留有人行空隙，以便行人来回，带动空气流通。完全的木仓储茶，类似古法，是创造传奇的平台。一座有着几十年历史的木仓，因吸香浓郁，微生物种群丰富，本身则宝。君不见，广西六堡茶区一座古老木仓，现为国家级文保单位，就是最好例证。关于旧时茶库，更为特别，说是形状类似蒙古包，顶部建成尖顶，目的是便于热气湿气集中和散发。今人条件更好，空调、祛湿机均为最好利器，科学使用，存茶更妙。

至于私家藏茶。旧时祁门少数茶号，也有自行储藏陈化再售者。具体方式，多以高层砖木楼房为主。如芦溪孙义顺号，其茶储藏于三楼。该楼木地板，四周半栅栏半砖墙，临河通风，说是藏茶宝地。笔者2017年夏，在祁门寻到安茶一百年老号，其藏茶之所，也是高楼，且于孙义顺号构造雷同，异曲同工，也是证明。关于个人买家藏茶，建议出路有二：一是利用祁门独特气候，交与厂家陈化储藏，随用随取，当为佳选。如祁门春泽号、一枝春等厂家，目前均有这种业务。二是购茶藏于家，环境要求有三：一是空气流通，阳光不会直射；二是高温控制在30℃以下，湿度控制在85°以下；三是最好三楼以上，有朝南窗户。梅雨季关闭，其他季方便通风。

6. 找到百年老号

人过留迹，鸟过留声。曾经火爆的安茶，今天还有踪迹吗？

为此，多年来笔者一直在努力寻找。天遂人愿，终于在丁酉夏季，我与春泽号老总等一行，寻到一百年老号。

老号在祁西一深山小村。巧的是，进村前，屋主和我们并不知此号就是安茶号。我等先在门前合影，随即入院。先见是老屋，穿院内入，是二层三开间厅堂，因人到，引发蜜蜂嗡嗡。我看地板石板，井然完好，上下两厅，四房规整。尤其上悬匾额，下设楼梯，雕梁画栋，俨然大户风范，且被修缮得井井有条。屋主站上厅说：我奶奶1984年87岁去世，她7岁来我家，此屋早已存在，如此算至少150年。奶奶还说，祖上很荣耀，后因有人抽鸦片逐渐败落。到我父辈时，不知何因，茶不做，改织布了。老屋现不住人，但我一直修缮未断。最近一次全

采风人员

诉说老号由来

面翻修是2005年，主要是掀瓦翻漏，以及在瓦下加塞铁皮、换地板等。清扫瓦片时，没在意，丢掉不少小竹篓，不知干啥的。听话听音，我隐约闻到安茶信息。待屋主话毕，我们登楼而上，绕天井边的跑马围栏转一圈，除见谷斛、旧床等农家杂什外，屋主在阁仓顶上找来几件茶具：一长形无盖小箱，一扁形高大木箱。尤其后者，长宽高约为三尺一尺四尺，令我十分好奇，大家七嘴八舌讨论，然不知所云。同时还见三只铁质茶听，高过尺五，长约一尺，厚约五寸。其中一只罐身贴纸，隐约有字。屋主说：茶听是老的，但字迹是生产队时制茶所留，不足为凭。一番参观后，我们下楼到厨房，这里有小天井小客厅，整修也完好，且炉灶崭新，白石灰耀眼，彰显主人的热爱和重视。

我急切想看老号，催促屋主带路。穿厨而过，来到西边。迎面仍厨间，估计空间长宽约三丈乘丈五。然景象不堪入目，不但木撑林立，破烂不堪，且蛛网密布，光线暗淡，一派沧桑。其中杂物不多，唯靠南门口有一炉灶，二只破桶立其上，遍体灰尘，显出多年不用的破败和年久失修的悲催。我朦胧感觉，此处貌似蒸茶场所，但未言说。再穿左门，到一道院落。小院狭长，野草茂盛，没过人膝。屋主以棍猛打，扫出道路。我等踏草而入，迎面一宽敞无门空间，同样破败不堪。屋主说：计划经济时，我们全生产队茶叶，都在这里做，门口便是收茶的。我看那门和院落，长宽面积约等同蒸茶间，然南端有大门，可通

❧ 老号主屋

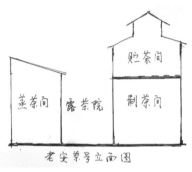

贮茶间

蒸茶间　露茶院　制茶间

老安茶号立面图

❧ 老号立面图

❧ 蒸茶间

❧ 老号茶具

外面，想必是茶工茶农进出之口。我等进内，所见也是二层，貌似三开间二进。然结构特殊有三：一是外进左边和中间为空，而右边堆满木板。屋主说：木板下原有许多深坑烘洞，整齐排列，有几十个。如此我推断，此为烘茶场所。二是里进地势略高，似为堆茶场所。三是外进和里进之间设木梯。我等缘梯而上，所见楼上空间，高过人头，梁架完好，地面宽阔。且东西两向，下部砌半截砖墙，上部即木质栅栏。透栅栏眺望，远山近景，尽收眼底。往顶上看，又是新奇，即东西两边收窄，形成狭长坡屋顶，且明显高出一截，两边砌墙，全是格窗，基本通透，十分明亮。不用说，这是拣茶抑或包装场所。尤其通透空间，极宜空气流通，当然更是贮茶之地。至此安茶号的蒸茶、制茶、贮茶的功能场所基本找到，东西长约20米，南北长约15米，面积近亩。然露茶场所何在？我在心中问自己，困惑间眺望窗外，眼前一亮，楼下院落东接制茶间，西靠蒸茶间，不正好是露茶场所。突兀灵感，令我幡然猛醒，此为安茶号，确凿无疑。同时对古人如此精巧科学的布局，深为叹服。缘此一座时跨百年、功能齐全的安茶老号，就这样浮出水面。

回程出村，我们在村口一叫印章石地方驻足，留影纪念。我再问村庄的四至方位和道路走向，得到答案：往南有两条古道，一通车田，一通溶口。车田我不熟悉，然闻说溶口地名，我豁然开朗。那是安茶胜地，濒临阊江水路，直通鄱阳湖，自古有码头，昔为商旅麇集之地。再问具体行程，说是从村口南下，先后经景石、严潭等，最后至溶口入阊江，尔后沿水路外运去广州。至此困惑我心的安茶外运问题，也迎刃而解。

物证是最具说服力的史实。一趟远足，使我受益匪浅，考量其中收获，至少有四：一是以屋主祖母1897年生人和祖上因鸦片败落为据，此号估计在1840年鸦片战争前就存在，由此推测其历史可能在200年以上。二是老屋和茶号连体，占地近二亩，砖木结构，轩敞明亮，体量庞大，彰显屋主雄厚的经济实力，折射出经营安茶效益的丰盈和壮观。三是茶号蒸茶、制茶、露茶、贮茶场所完整，功能齐备，验证其时安茶制茶技艺之严谨。尤其贮茶二楼，宽敞通透，可见氧化技术十分成熟，且安茶需经陈化，方可饮用之法，也是由来已久。四是茶号地处深山，即使当今对外交通也仅为单车道的村村通简易公路。而当年全靠肩挑水载。凭此简陋条件，安茶水陆兼程，运广东、销南洋及欧美等地，真不简单。

缘此，祁西小山村的安茶老号，不但完整保留古法场所，成为中国茶史最好见证；且折射出"一带一路"的辐射和影响。

四、亦真亦幻的市场

1. 京华买卖见诗文

安茶自明代问世,很快走俏京都。至于具体销势如何,因缺乏记载,今人不得而知。好在幸有文人骚客笔头勤快,每逢茶落肚,必有述情作。缘此顺藤摸瓜,找到蛛丝马迹,隐约窥见其时安茶一缕身影。

❥ 《红楼梦》与安茶古画

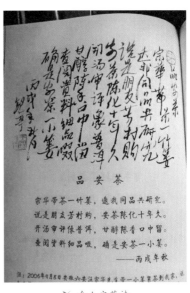

❥ 今人安茶诗

❥ 广东通草画

先看一首明代大学者李东阳的《七律·咏六安茶》：七碗清风自六安，每随佳兴入诗坛。纤芽出土春雷动，活火当炉夜雪残。陆羽旧经遗上品，高阳醉客避清欢。何时一酌中冷水，重试君谟小凤团。

诗说李东阳得到一款六安茶，于是邀好友肖显、李士实来家中品鉴。三人很快被此茶迷倒，东道主李东阳更是诗兴大发，于是挖坑说：我等三人联句如何？每人一句二句都可，最后赋成一首七律。肖显、士实齐说好，且一致要求东阳首开头句。东阳早有准备，开口便来：七碗清风自六安。肖显、士实岂能示弱，稍做思考，往下跟进。如此你一句，我一句，三人轮番接龙，须臾一首茶味十足七律脱颖而出。

虽为区区一茶诗，然千万不可小看，其中折射市场信息多多。首联从唐人卢仝七碗茶诗切入，说六安茶品位奇高，雅士一喝，便吟诗作赋，可见此茶畅销程度。颔联展开联想，从春山雷动，想到雪夜火炉，继而颈联又叹陆羽《茶经》遗漏此等上品，高阳常醉却未尝过六安茶，看似为古人遗憾，实则为自己骄傲，字里行间，可见六安茶受欢迎程度。尾联寄托愿景，盼望将来有机会，一定要用天下第一的中冷泉，烹煮如同宋人蔡君谟所创小凤团一样的六安茶，所赋六安茶地位，不啻饕餮大餐。之所以，明代刊出的《两山墨谈》云：六安茶为天下第一。有司包贡之余，例馈权贵与朝士之故旧者。

再看两首清人李光庭的茶诗。其一：金粉装修门面华，徽商竞贷六安茶。笙歌白醉评新部，园馆青春改旧家。桐乳御寒宵待漏，分符调水日驱车。最怜小铫窝窝社，大叶香浮茉莉花。

此诗头两句，说徽商为大肆销售六安茶，不惜重金，对茶店进行涂脂抹粉，大装门面。后六句貌似写酒馆说书、梨园唱曲，通宵达旦，调水品茶，灯红酒绿，茶风可人，最可怜的是烧水炉灶，煮茶只有茉莉花茶，偏偏未见六安茶。弦外之音，遗憾多多。

其二：年来里俗习奢华，京样新添卖茗家。古瓮泉踰双井水，小楼酒带六安茶。

此诗说京都街头不时增加茶店，街外北河虽有二桥拱一井的景致，水也最甘，但京人却认为泉水更好，仍习惯携古瓮到泉中汲水。而新开的酒楼饭肆，上茶仍然还是六安茶。

李为天津宝坻人，于乾隆六十年(1795)中为举人，后在朝廷任内阁中书。多年客居京华，印象深刻，晚年回味，著成《乡言解颐》，信笔所及，皆成掌故。他在《开门七事》中评点京华奢华习俗，涉及六安的茶诗仅此两首，或遗憾，或庆幸，一正一反，真切反映京都茶情，折射出京人对六安茶的推崇状态，弥足珍贵。

此外，关于安茶在京都受宠情况，曹雪芹的《红楼梦》、吴敬梓《儒林外史》均有提及。其中《红楼梦》第四十一回写道：妙玉捧来海棠花式雕漆填金云龙献寿的小茶盘，里面放一个成窑五彩小盖盅，捧于贾母。贾母道："我不吃六安茶"；《儒林外史》第二十九回写道：又是雨水煨的六安毛尖茶，每人一碗。三书所记，均为明清时期京华茶事，说举凡大户人家，或拣妆常备六安茶，或家中各茶都有，尤其不缺六安茶，或宴席之后饮安茶，言外之意，六安茶居家必备，随处可见，人人皆知，老少各需，安茶普及程度可见一斑。

2．两广首站在佛山

安茶调转船头，由北向南，驻足两广，尔后南洋，时在清康熙间（约1690）朝廷开放广州口岸后。有关其时景象，夏燮在《中西纪事》有精彩描述：徽商岁至粤东，以茶商致巨富者不少，而自五口既开，则六县之民，无不家家蓄艾，户户当垆，赢者既操三倍之贾，绌者亦集众腋之裘。

安茶走广东，最早落脚点为佛山北胜街广丰茶行。如现今古玩市场流行的茶票云：具报单人安徽孙义顺安茶号，向在六安采办雨前上上细嫩真春芽蕊，加工拣选，不惜资本，向运佛山镇广丰行发售，历有一百五十余年……

白云苍狗，岁月如梭。安茶在佛山经营，市场究竟如何，今人很难考证。倒是有两件流传于世的遗物，似乎可说明一些问题。

一是清光绪时南海县（今南海区）衙颁布的公告。其文曰：

钦加五品衔署南海正堂，加十级纪录十次董，为给示晓谕事，现据孙义顺茶

❧ 广东口岸画面

❧ 南海县通告

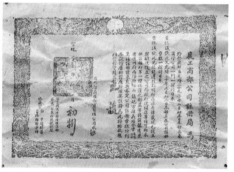

❧ 农商部注册执照

号职员查泽邦等呈，称窃职等向在安徽开设孙义顺茶号，拣选正六安嫩叶，贩运至粤，交佛山镇北胜街广丰行发售，历百余年，并无分交别行代沽。乃近有无耻之徒，或假正义顺，及新庄义顺等号，更恐暗中有假孙义顺字号，影射渔利，以致职等生意不前，叩乞给示。晓谕并申请分宪一体存票，如有奸商假冒，许职等查获送究等情。据此除申请分宪备案外，合就给示晓谕，为此示谕诸色人等知悉，尔等须知佛山广丰行所贩孙义顺字号六安茶叶的，系由安徽孙义顺贩运至粤，交该行发售，如有奸商假冒孙义顺字号茶叶，影射渔利，许原商查泽邦等查获送究，以杜影射而重商务，毋违切切，特示。光绪二十四年（1898）十二月二十一日示。

区区一片安茶，竟然搅动公堂，乃至专门为其颁布公告，晓谕天下，似有攀天之功，是何道理？存在决定意识。笔者分析，安茶买卖做到这份上，至少说明两个问题。一是南海县贯彻落实其时大清政府颁发的关于对独创性产品给予保护的谕旨，不折不扣，以民为本，全心全意为之服务。祁门安茶具独创属性，理应保护。一是此时孙义顺牌号已跻身为南海县地方龙头企业，对该县经济发展起举足轻重作用，实力非同小可，地方政府理应将其当作国宝级品牌对待，政治上给予优惠，加大力度对其进行保驾护航，竭尽全力为其服务。县衙公告即是扶持行为之一。

二是农商部批准南海县所呈公文的注册执照，上钤大红方形官印，清晰在目。其文曰：农业工商部公司注册局为给发执照事，光绪二十九年十二月初五日，本部具奏商律公司一门一褶，同日奉旨依意，钦此。又光绪三十年正月初二日，本部具奏公司注册章程一褶，同日奉旨依意，钦此。先后□遵刊□颁行在案，查律载，现已设立□□，后设立之公司履行号铺店等，均可向本部注册，以享一体保护之利益等语。兹据广东省广州府南海县佛山镇地方孙义顺合资有限公司呈请注册，前来□□奏定公司注册章程，所到各款均属相符，应即准其注册，为此特给执照，□□□□□□。右给□□□□□公司收执，宣统二年（1910）□月初八日。

此说安茶按朝廷所规定的公司章程注册，各款相符，寥寥数语，折射信息量大。其中既为孙义顺合资有限公司，估计伙伴不少；再到朝廷注册，想必规模不小。综合二者看，祁门安茶在佛山，至少是大户商家。

上述二者，均为官方文件，虽相距十多年，足见安茶越做越大，由此可证安茶影响非同小可。

3．东南亚茶客面面观

广东接南海，稍微起跳，便到东南亚。高温高湿，大鱼大肉，似为东南亚共同特色。缘此喜爱有祛湿消食功效的安茶。

港澳台地区青睐安茶故事多多。譬如清末民初，香港盛行民谣：楼上六安，

<YunNan> 东南亚街景一瞥

<YunNan> 东南亚茶品

<YunNan> 柬埔寨茶具

楼下普洱。什么意思？却原来其时香港，茶楼鼎盛，茶客每每到此麇集。然喝茶档次有区别，一楼者，以普洱为主；二楼者，以安茶为主。尤其抽雪茄的上流社会，务必上二楼。原因是二楼为高档区，抽雪茄，饮六安，既是时尚，也是科学。道理在于雪茄上火，安茶清热，名门望族至此，一支雪茄，一壶安茶，一火一水，一热一冷，黄金搭档，堪称绝配。正如台湾紫藤庐周渝先生所说：香港绅士抽雪茄，绝不会用老普洱解火，但会用老六安。因为老六安既调和身体，又有凉的部分解火气，这是它跟老普洱不同的地方。还有香港朋友告诉他，以前香港药房，六安茶一到，港人就会抢，几乎把安茶全部买光，可见安茶魅力。之所以，民国时期香港电影，反映上层港人生活的镜头，常有开竹篓、撬安茶的画面。安茶喝久了，习惯成自然。缘此到20世纪60年代后，正宗安茶断供，为满足港人需求，茶商便另辟蹊径。其中一位叫黄集斌的香港老茶庄二代掌柜记忆深刻：这段时间中国内地的茶叶没能到香港，我们就到越南北部一个叫河江的港口取货。从云南到越南，从河江到香港，其实这茶是云南普洱跟北越普洱拼配的，我们叫河江味。乃至香港茶馆中，安茶卖到40元一壶成为常事。

台湾安茶广告

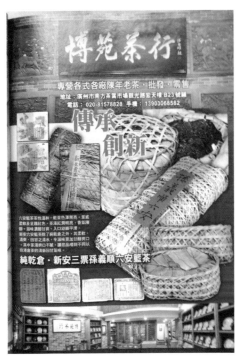

台湾安茶庄

在澳门也一样，安茶断产后，澳人便自己做，慢慢就形成了自己的地方特色。有熟茶教父之称的香港茶人卢铸勋先生，曾于1946年在澳门英记茶庄当学徒，其时所制便是孙义顺六安茶。即使到20世纪50—60年代，茶商还会购入廉价铁观音和水仙茶，挑出茶梗，仿安茶焙火后，以六安骨之名出售。澳门华联公司曾志挥先生在台湾《茶艺》杂志中说：相较于1970年代前的中国大陆，澳门政局稳定、民生繁荣，茶庄林立，这些茶庄中有加工技术与能力的，就专门生产过六安茶。其中很有名的是慎栈茶行，他自设笠仔六安加工厂，专门生产旧式六安，畅销香港及东南亚地区。

宝岛台湾，国学深厚，尤其对于古法制作的安茶情有独钟。远的不说，进入21世纪后，台湾茶人见到老六安仍是痴迷不已。譬如2007年10月30日下午，台北县三重市力行路举办一次别开生面的茶会活动：品六安老茶。活动主题鲜明：留在后世的优质

名　　称：南部三正安茶
原材料名：茶(半発酵)
内　容　量：500g
保存方法：直射日光、高温多湿を避けて、
　　　　　　常温で保管ください。
原産国名：中国
賞味期限：2015年11月11日
製造年月日：2014年11月12日

南部鉄器・お茶

品番 A2606

🍵 日本人定制安茶的卡片

六安篮茶不多，其茶气与滋味绝不会输于当今一些古董茶。现请来湾资深茶人见证，当场剪开茶包，以轻松方式品饮，茶友在互动对话中，发表各自对旧六安茶的了解和认识。一件外皮泛黄的蒲包，被搬上桌台，云集在此的媒体记者，端起相机，拿起笔杆，以万般的注意，凝神聚气，紧紧盯住这神圣的一刻。周主事拿起剪刀，当众剪开麻绳，呈现于众的是竹篾绑紧的安茶，每组2篓，3组成条，6条成件。周主事取其中一篓，掀篾盖，拨箬叶，现出黑褐润亮茶叶，其中隐约可见纸质凭证，即孙义顺茶票。品饮随即开始，经初泡2泡3泡，乃至到20泡，众人皆被老六安深沉茶气所折服，认为此茶文雅、细致、温润，带特殊的香，类似参香，喝下去精神有往上提升、悠悠的感觉。紧接着11月1日晚，还是这些人，又进行第二次试泡和采访。这次使用的茶，仍是两天前拆封未用完的老六安。经两天醒茶，大家感觉茶味更清，一点杂味都没有。事后，关于这两场不同寻常的活动，台湾《茶艺》以"陈年徽青·六安篮茶"为题刊出专栏，指出：陈年六安茶，温驯养胃，有舒怀定神之效，故备受东南亚老茶人喜爱。更有甚者，专栏尾端专刊启示：为让更多读者分享这道老茶优质的气韵，我们在出刊前紧急协商，决定不吝成本，谨订于12月6日下午2点，再来当场打开另外一篓更老的六安茶，欢迎读者参与品茗盛会，名额有限，额满为止。一股寻访安茶之风在台湾茶界盘旋游弋，也算佳话。从此，有关台湾安茶的事情，我一直关注，尤其现状如何？我更关心。巧合的是，2016年初冬，我得一机会，亲身赴台考察。天赐良机，高兴不得，于是从飞机落地起，我逢茶店必进，见茶人必问，遇茶景必访，经台北到宜兰、桃园、南投、台中，所到之处，除亲身体验无时不在的宝岛文化炽风外，更亲切感受历久弥坚的浓郁茶风，其中在酒厂创意工场、101大厦等多处，售茶帅哥不但知晓安茶，且了解安茶历史一二，令我十分高兴。尤其在桃园市，无意间邂逅茶商业同业公会理事长邱国雄先生，其在场的一家三口不但知晓安茶，且说自己店中就藏有老安茶，话毕便去翻找，几近半小时无着，又电询早已下班店员问茶存何处，大有不达目的，誓不罢休之态，令我感动不已。我再问，台湾市场目前为何未见安茶，邱太太告知，大陆那边仅允普洱入境，至于其他茶品，暂未开放，言毕，语间流出淡淡遗憾……

关于新加坡市场，因受早年影响，对安茶也有依赖。如茶人蔡友潮先生说：现在新加坡人家中存有的老六安，以20世纪60—80年代的居多。

至于马来西亚，安茶粉更是奇多。他们不但到新加坡买走大部分安茶，且将20世纪60年代的价位，开到每篓2 500新币。2015年，深圳茶博会上，马来西亚与我同行余老板拿出一袋老茶梗，说是20世纪60年代老六安。2017年冬，祁门芦溪一枝春老板戴海中到武夷山参加茶会，遇马来西亚一德优堂老板，居然拿出1970年代一枝春安茶，叫教皇牌。为什么会有此茶？原因在于1937年抗日战争爆发后，安茶断产，随老茶不断被消耗，为满足市场需求，曾售过安茶的不少茶行开始使用乌龙茶原料、陈年绿茶来仿制安茶。

❦ 马来西亚茶商展销

❦ 安茶故乡芦溪一瞥

香飘南洋两万里，誉系芦溪六百年。此为今人为芦溪安茶所撰的对联，表面看歌颂芦溪，骨子里赞颂安茶在南洋的地位。问其中缘由，毋庸置疑，安茶大有市场是重要原因。

此外，安茶在日本，也被看好。譬如笔者曾有一篓安茶，到手时并未在意，搁置多年，于丁酉夏拆篓开喝。及至茶完篓空，方见篓底居然有一日本名片，上注南部三正安茶，原产国名：中国……由此得知，此茶原为日本人来祁专门定制，可见日本人原也爱安茶。

4. 广州茶市找遗痕

当今茶界有一说：广州人喝茶超多。譬如珠江三角洲，人均每年喝茶 3 斤以上，其中广州占鳌头；又如广东早茶闻名天下，首府广州列榜首；还有广州芳村茶市，占地百余亩，年轮半世纪，店逾千家，年交易额近 20 亿元。

广州人喝茶多是有原因的，因为人家自大清康熙年起，就是中国最早卖茶口岸，华茶缘此大量出口，使国外的大量银子流入中国，间接点燃了鸦片战争，后引发五口通商，广州茶地位依旧稳固。

安茶在广州怎样？丙申酷夏，笔者亲身体验了一把，果然非同小可，感同身受。得到答案：还行，遥见安茶当年。

广州芳村茶城

广州茶交易中心

今日广州，芳村茶市好大，威武盘踞路两边，一边是早期市场，叫荔湾名茶交易中心，且赫然立有农业部定点南方市场牌子，霸气伟岸；一边是新起大厦，叫广东芳村茶业城，高大轩敞。我先进茶城，连问数家：有安茶吗？均回没有，有的甚至不知安茶，使我好生沮丧。老天开眼，终于在一叫普瑞明茶店找到知音，店主为本土美女，一口粤腔迎客：有哇。我们叫老六安。说罢十分娴熟从货架取茶。见到椭圆篾篓，我倍感亲切。再问此茶来路，美女答：是祁门一方姓茶商推销祁红时顺带。又问：你知道安茶吗？美女答：听说过，懂得不多。但我先生知道，我外公更清楚，听说早年安茶很火的。话毕，递来名片。我看名片印的经营范围，除各种普洱，果然有安徽正宗陈年六安茶字样，感觉颇欣慰。随后，我再去对面荔湾名茶交易中心。汲取先前教训，这回直找老店。须臾见一老者。问：有安茶吗？老者极爽快，以道地粤语答：有。要多少？他边说话边取茶。我看那茶，属快递而来，货源地址祁门，无疑正宗。我还想与老者多聊几句，遗憾老者正忙，见我不像真心买茶，仅回告姓陈，便无心搭理。我只好再寻下家，转身在一海天茶行店橱窗见到安茶陈设，看那篾篓，仿制无疑。然我不想放过。恰此时风雨袭来，于是我抬脚入店。此为夫妻店，男老板年轻儒雅，说来自福建，早年卖铁观音，近因普洱好销，故店内普洱最多。我问：你这安茶正宗吗？老板特诚实，答：不清楚，你自己看。话毕，其妻取茶递上。我掀开箬叶，找到茶票，一看果然为仿制，碍于面子，我不便挑破，便问：能拍照吗？其妻坦然：可以。端坐茶席的老板更大气：拍好过来喝茶。此时室外雨更大，既然天留人也留，我干脆不客气，老实落座。先喝一泡普洱，感觉不错。老板见我貌似安茶老手，说：我有50年前老六安，可能假的，你喝吗？我闻说是老六安，求之不得，急忙响应：文化大革命时期的？不易呀，尝尝味道。同时叫老板驻手，容我拍照留念，以及细审茶样。老板一一谨遵，令我好生感动。本萍水相逢，其热情相待，全因茶之缘分？验证坊间一语：天下茶人是一家。走神间，老板操杯，须臾叶沉汤熟。我看那汤，色如墨，厚似胶，模样就可爱。再浅啜一口，满口陈香，瞬间穿越五脏六腑，方知真真陈货。问茶品来历，老板答，来自香港。我更感动，心想此茶虽粗疏老气带梗，然仅一泡，价也不菲。今邂逅如此老板，可谓三生有幸，不虚此行。不甘心，后再寻，果见一专名老六安的茶店，铺内尽安茶，专业模样。

遗憾的是，茶货多为仿。但人家态度极好，中肯坦言，只因喜欢安茶，才搞专店，水平不高，肯定有假。偌大芳村，泱泱茶市，专营安茶，仅此一店，再无二家。至于再问茶人，知道安茶吗？多数人回答：不知道。我其后讲课，听者20余人，说知安茶名者也仅一二。我深知，虽悲催，但情有可原，毕竟安茶失传半世纪嘛。同时身感复兴安茶，我等责任重大。

❦ 台湾茶刊

❦ 广州老码头

这就是广州芳村，一个花枝招展的地名，不卖花，偏卖茶。茶象百茶齐放，百品争锋，且以陈为尊，唯陈是举，曾经风靡的安茶，多少还有遗韵，也算安慰。此外，广州且具带动作用。丁酉中秋，广东惠州乡亲来话，说见我写的《寻找回来的安茶》，开始做安茶生意，当年起步，销茶30斤，明年至少300斤。我也十分高兴，方知广州周边市场潜力也大。之所以，安茶源头的祁门芦溪，昔日盛传一联：借得古溪三月景；分来南海一枝春。此联貌似歌颂安茶在南海地位，其实藏掖芦溪人的矫情。细溯缘由，起跳南洋的跳板在广州，广州当为首席功勋，自诩一把，当不算过分。

5. 仿制安茶原因多

安茶走京华，闯两广，以及香飘海外东南亚，天长日久，走红火爆，成为茶星，于是被商家看中，极力推销，主观是大赚其利，客观在培育市场。商家顾客，融为一体，双赢互动，互相依赖，成为命运共同体，也是硬道理。

有道是，市场最晃荡，鱼目混珠，良莠不齐，好货歹货均有，验人眼力如何。道地正宗者坚持主渠道，物美价廉，是唯一信条，不用说。然假冒伪劣也有，追溯产生原因，或因天时不顺，无奈而为之。如天时不济，市场供应不上，商家以仿品应急。1937年，抗日战争爆发，安茶因无法外运而停产，市场嗷嗷待哺，商家急顾客之所急，以假代真，算好心一片。再如因运输路线过长，市场供应不畅，空档降临，渐以香六安、六安骨等中低档仿品替代补洞。如澳门茶王曾志挥说：过去由于路途不便，六安茶运输澳门，需要半年到一年的时间，途中受潮，时有发生，故茶到澳门当重新烘焙，以致焙茶在澳门成为一种产业。轻度受潮的六安茶就加进米仔、兰花，炒过后便成了香六安。如果受潮较为严重，就拿去蒸，把霉味蒸走即可。经过蒸压的六安茶，除蒸走霉味外，也可使六安茶变得更为陈旧。久而久之，六安茶变成一种必须经过蒸压工艺的茶品。殊不料，假到真时真也假，天长日久，仿品成老大，居然盘踞市场。曾志挥先生对此记忆犹新：1920年一批安茶，用的是广东毛青、贵州贵青拼配而成，叫澳门六安。具体仿制的老人，曾先生不但认识，并清楚记得此人制这批茶时才20多岁，仙逝时已年届近百。

至于香港，故事同样。如有熟茶教父之称的香港茶人卢铸勋先生，1946年在澳门英记茶庄当学徒，当时所制就是孙义顺六安茶。他还说，安茶停产后的五六十年代，香港一些茶商就购入廉价铁观音和水仙茶，挑选出茶梗仿安茶焙火后，以六安骨之名出售。还有2017年春，香港仕宏拍卖会爆出新闻，一批标明20世纪50年代的61篓安茶，开价180万～300万元，最终以250万元成交。

❦ 广州市场仿品安茶

❦ 广州市场的文革茶品

❦ 文革茶汤

新中国成立，大陆实行计划经济，安茶小众，茬口排不上。鉴于老顾客念念不忘，商家想顾客之所想，制李鬼作李逵，也有故事。如2007年冬，台湾茶界举办孙义顺老六安拆封活动。原件为一大蒲包，外观封皮从上到下有五行繁体黑字，内容依次为：徽青、毛重3□8公斤、净重□8公斤、NO 87、中国茶叶出口公司。拆开蒲包，是捆绑完整茶条，上有毛笔书写：新安孙义顺字号□□。解开茶条，见茶篓，拨开箬叶，见茶叶，以及埋于茶叶中的4张茶票：红纸腰票、白纸底票、白纸南海县衙公告、白纸农商部注册证明等，其上赫然印孙义顺字样，貌似正宗道地孙义顺无疑。然而，依据事实，细细分析，新中国第一批简体字面世是1956年1月28日，此茶外封是繁体字，由此推断该茶应产在1956年1月前。然查档案资料，中国茶叶出口公司存在年份为1956年1月至1960年12月，由此推断，此茶出产当又在1956年1月之后。如此忽前忽后，令人难解。此外，再考政治原因，孙义顺属新中国成立前私商，且于民国24年（1935）停产，何以新中国成立后才交由属国企的中茶公司销售？其中云遮雾挡、扑朔迷离疑云，究竟如何解读，着实令人费解。当然，此茶因是老茶，包浆和茶票的沧桑均到位，再加茶品不失老六安风味，值得肯定。

解放時期·六安籃茶

台湾茶刊载解放初期六安茶

🍵 台湾茶刊载中茶公司安茶

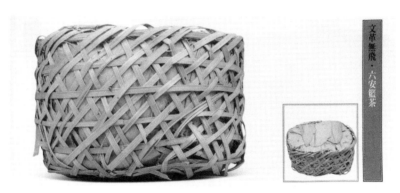

🍵 台湾茶刊载文革安茶

再说改革开放后，1984年香港爱国茶人关奋发寄茶于安徽，冀望复产。其时性属国营的芜湖茶厂，也曾试制过安茶。2015年秋，笔者到芜湖，在乡贤周国松处品鉴那茶，别有风味。记得那日所见安茶，居然是竹听包装。问来历，周说20世纪90年代初，安徽茶叶公司委托芜湖茶厂生产，且出口香港地区。并说他当时为芜湖茶厂工人，知道这批仅走一个集装箱，丢下剩余的几十件，每件60斤。后茶厂改制，他知道此属老家茶品，全部买下，无意中算捡了漏。前几年不懂事，居然上网卖，十分抢手，现后悔不及，还好留下这些。笔者品后，意外发现此茶，无论汤色，还是滋味，均不够到位。我等分析原因，得出在于竹筒包装，阻绝氧气，茶叶陈化不够之故，反之，验证出安茶以竹篓包装之科学之重要，大有收获。

诚然，也有商家，受利益所驱动，冒天下之大不韪，铤而走险，仿制假冒，大有人在。譬如台湾资深茶人陈淦邦先生，就有买到假安茶的切身经历，他在"孙义顺品茶记"中记道：这种笠仔，初学的茶友，要最为小心，虽然它有显著的1980年代外表相近的小竹篮，但内里的茶叶，实则只是一般的熟普洱茶。这是一笠实实在在的反面教材。由于售茶价格高，不少店家不许打开试茶，尤其是笠仔六安，因为翻开了竹叶就失去了原封。笔者付款购买一笠作样本后，打开后就立即知道答案，因为从配茶的风格看来，茶条根本不是六安，而且配有不少茶骨者，怎么说都不会是上乘的六安笠仔，而且旧六安茶的那种条索幼细分明，看多了就会有所感应，这一笠成为了笔者寻茶路上的一个教材。虽然内里的熟普洱有点年份，也不算难喝，但始终它只是熟散茶，茶友也不值得花几百元甚至上千元人民币去做尝试，口感更不值得浪费篇幅去形容。再如2015年深圳茶博会，马来西亚余我商行老板拿出一袋老茶梗，说是20世纪60年代老六安。为什么会有此茶？香港老茶庄二代掌柜黄集斌先生给出答案：那段时间内地没有茶叶到香港地区，香港就通过越南北部一个叫河江的港口，从云南进口到香港。

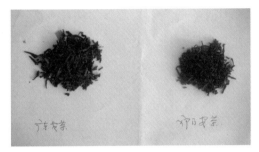

❦ 安茶干茶的仿品与真品

❦ 安徽境内安茶仿品袋

这茶带一种河江味。另有新加坡茶人蔡友潮先生说：新加坡人家中存有老六安的，以60—80年代的居多，据说60年代六安茶每篓要2500新币。再如2017年冬，祁门芦溪一枝春安茶厂老板戴海中，到福建武夷山参加茶博会，在一马来西亚德优堂老板摊位，居然见到一款产于20世纪70年代的一枝春安茶，商标叫做教皇牌。

境外如此，境内亦然。2014年6月17日《中华合作时报·茶周刊》刊载消息"央视《致富经》聚焦九华安茶"载：6月10日，中央电视台《致富经》栏目组走进安徽省池州市贵池区棠溪镇溪山寨茶园及茶叶生产基地，开始对棠溪九华安茶为期7天的采访。据介绍，安茶是介于红茶和绿茶之间的半发酵茶，安茶的种植、采摘、加工、贮存对茶种、气候、土壤等都有独特的时序要求，是安徽省"十二五"茶叶发展规划重点支持项目之一。

还有2014年夏，河南万鸿记茶业艺术中心推出一款1970年孙义顺安茶，在网上叫卖，不但有茶品茶票，且附介绍文章。有人向我咨询真假与否？我告：无论年份，还是茶票均不对。又问：何以见得？我又复：一是1970年安茶停产，二是茶票雕版风格和纸张，以及文章中有关六安地名表述均不对。再问：还有其他错误吗？我再告：文章介绍孙义顺祖上为怡泰也不对，当是怡大。

另有一位作家唐公子，写下一本《在一杯茶中安顿身心》，其中也说到他喝老六安的故事：

抗日战争期间，不少包括上海在内的名流和权贵阶层逃至香港地区，也带去了讲究的饮茶方式，老六安和普洱是其中代表。在过去，尤其是民国时期，老六安是讲究的大户人家才喝的茶。饮茶如同出身，不一样就是不一样。但是现在，它已经没落了。幸运的是，在杨智深的家里，我与同行的朋友喝到了一款他收藏的二十世纪五十年代的老六安茶，已经有五十多年的历史，珍稀异常。茶就放在一个已经泛黄的竹篮中，他小心翼翼地打力开竹篮，里面是一层颜色深沉的箬叶。打开箬叶，里面才是老六安茶。他抽出一张巴掌大的红色内飞给我看，因为时间久远，那张内飞早已经变得褶皱脆薄。老六安里面，有时最多会放六张内飞用于防伪。一层茶叶，一张内飞，再一层茶叶，又一张内飞，不厌其烦，足见其珍贵。内飞的颜色，除了常见的红色，还有白色、粉色等。单看外形，棕褐色的茶芽，如同普洱的宫廷料，但实际上，老六安茶属于蒸青绿茶。现在，许多人都在争论有没有老绿茶，老六安就是老绿茶啊。他笑着说：只是大多数人不了解而已。

这里撇开作者将安茶归类为绿茶，属于仁者见仁、智者见智见解不说，其中文章所记20世纪50年代老六安，也是仿品。只是因年深日久，老茶陈味浓郁，加之作者不熟悉安茶历史，才造成误解罢了。

如此种种，不便赘述。

五、票会影视竞风流

1. 印模的故事

笔者开始关注安茶，始于20世纪90年代初。那时中国茶市刚刚放开，茶坛风生水起。我想既生于茶家，长在茶区，尤其家乡是中国红茶之乡，且自己种过茶，制过茶，该为茶做些什么，于是开始注意茶。

不久，便听说南路芦溪复产了一款奇怪的茶，叫安茶。说是命运坎坷曲折，且小众，市场地位却高，故事极多。恰邻居黄友家中有一茶印，说就是安茶印，为太太祖上传下，不知什么意思，叫我看看。我接印看，见烟盒大小，樟木质地，印面图文并茂，上为双鹿，中间嵌"寿"和"安茶第一枝"字样；下为双凤朝阳图，中间嵌"货真价实"四字，两侧为脚踏铜钱寿星图案，围就文字：

本号寿字茶，祖传秘制，历经百数十年，向以道地货品，驰名粤港及外洋各处通商口岸。近缘分枝日繁，制造未能一致，迩年择种，布植在守拙山庄，不惜灌溉频加，兹已发荣滋长，含英咀华。本号采摘必及雨前，拣选恪依成法用能，独擅一种芬芳，耐人寻味，细究原质补益，与涤湿并施，美妙莫能殚述，洵安茶之翘楚也。赐顾者真眼相垂，请认明筱峰监制图识，翻是第一枝茶品。新安祁南守拙山庄主人李筱峰谨白。

我问茶印来历，黄友说岳丈为祁南人，家族曾营茶，茶号叫向阳春。我朦胧感觉此中大有文章，然具体什么意思，自己也说不清。于是再问：印卖吗？黄答：祖上留物，不卖。我心虽恋，然

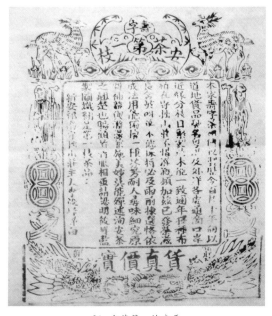

❧ 安茶第一枝底票

看他态度坚决，不忍夺爱。人家坚守历史和文化，正是传承守拙之洁身自好禀赋，理应支持。于是请求留样纪念，黄友欣允。只是那时没数码相机等工具，只能拓印。自此我与安茶，消除零距离，开始往纵深打探。

闲来翻书查籍，方知安茶是传统历史名茶，产于祁门阊江流域，始于明末清初，兴在雍正，盛于清末民国，亡在抗战。其娇姿倩影在文学名著《红楼梦》《金瓶梅》《儒林外史》均有记载，且走俏市场多年，乃至1932年出版《祁门之茶业》记载，其时安茶号尚有47家，且基本以"顺""春"取名，其中春字号30家，顺字号6家。春字号中就有向阳春，说是坐落南乡溶口，经理叫胡凤廷，但并非叫守拙山庄，使我感觉其中有谜也有戏。同时得知，传统安茶向有面票、腰票、底票3种，黄友那印是为印制安茶底票所用，由此感悟安茶定有意义。不久我又打探到南路芦溪乡着手恢复的安茶，其动力源泉，缘于香港著名茶人关奋发先生，向大陆寄来一篓安茶，说是东南亚和港澳台茶客十分寄望如此安茶复产，由此觉得自己选对了，干劲倍增。随后更加全身心投入，试图弄清安茶的子丑寅卯。

不久，笔者写了一篇推介安茶的文章，发在1994年《广东侨报》上，题目叫《老广东再领安茶味》。其实，那时我对安茶的了解只是初级阶段，真正的感性接触，即第一次见安茶，是在2002年5月。其时安徽在芜湖举办首届茶叶博览会，祁门由我带队参展。所带团队中就有安茶商，其见我看篓装安茶发痴，赠我一篓。我爱不释手，带回放在书架，随时观赏，不舍打开。终于有一天禁不住诱惑，开篓取泡，那箬香红汤醇味立马将我俘虏。缘此深究，得知以小竹篓包装的安茶，内衬箬叶，一般存放两至三年方可饮用。因是陈茶，不霉不烂，茶性温良，越陈越香、越陈越醇，有祛湿解暑功效，不仅可作饮料，还常作药引使用。由此感到自己对安茶了解，深度很不够。譬如制茶现场，一直未见，既无感性深度，何来理性高度。终于有一天，我来到安茶产地芦溪乡，迎迓我们的乡领导，热情导我等走进孙义顺茶厂，于四围鼓鼓囊囊的茶袋，以及大梁悬挂满满当当的茶篓中，我亲自感受安茶浓郁茶香。接待我的茶师叫汪镇响，他说自己早年在乡企办工作，曾参与安茶复兴工作，经多年努力，于1992年经农业部门鉴定，获合格证书。1997年起，任孙义顺厂法人至今。我问产量，老汪说：全乡年产200

吨上下，自产50吨许；问等级，老汪告，茶分五等：特贡、贡尖、毛尖、一级、二级；问工序，说有初制和精制，二计14道流程；问原料，汪说绝非民间误传的收山老叶，而是谷雨前后十多天的上等芽叶。老汪还说，那种纸篓大小包装，曾是阎锡山最爱，说从前老阎每月要喝一篓安茶，之所以先人才设计了这种包装。老汪还告，台湾正大集团是安茶老牌客户，至今藏有从前的安茶票。走过孙义顺，又走江南春。这是芦溪最早的安茶厂，创办于1992年，规模颇大，且井井有条，楼上一码码待运安茶，堆放规整，看来销售势头不错。厂长叫汪升平，是老孙义顺号外甥，属我早识之人，他取出不少安茶资料，有老茶票、农业部门鉴定文件，以及获奖证书等，一边不厌其烦答我提问，一边取多款不同年份安茶，为我解馋。我感觉二年者味道稍甜，四年者味道稍醇，明显区别在于汤色浓淡不一。问老板是否正确，老板答非所问，说安茶香型叫樟香，抑或也叫参香。

侨报文章　　　　　奎记提庄底票铅印印模　　　义顺六安茶底票印模

如此接地气的两次亲身体验，使我受益匪浅，感知略增，自信提升。随后我对安茶更痴迷，无心变有心，主观能动性更大。逢茶必问，见人便说，效果当然不一样。一日，在祁西某乡镇当书记的茶友长春，告我一消息，镇派出所所长手头有一茶印，说是安茶印，去看看怎样？我闻之大喜，答道：只要是安茶印，看与不看都一样，拜托你设法替我买来。至于价格嘛？只要我等工薪一族承受得起，你尽管代我做主。如此话放出去了，我开始日夜盼望。终于有一日，茶友回话了：遵你之命，我跑了许多次，人家死活不卖，没办法。不过呢，我好说歹说，人家终于同意让我拓盖，我印了几张，你看看。我接纸急猛瞧，好家伙，这原是一枚《元春隆六安茶》底票印模，图案上部为福禄寿三星及仙童数人，仙童脚下为"元春隆六安茶"六字，以及"上品贡尖"小字。下部为花草图案，正中为文字：

启者本号开设六安，选办头春嫩芽，贩运广东。始于前清道光□□年间，由来旧□。每当新茶入市，多派最优良师分径名山，拣办高峰云雾香茗，味如桂馥，气如兰馨，小则舒脾助胃，大则益寿延年，玉液琼浆，当推第一，久已中外驰名。历蒙士商恩宠，惠顾光临者，□□向佛山茶，得认明票内有三星图画，方是道地真货无误。新安祁阊元隆春监制。

这无疑也是正宗道地安茶票印模，现文字既得，当要弄清背后内容才好。于是拽住茶友，央他尽其所见，细细描述印章模样。茶友不负我望，补充告知：此印为干警家传，铁质浇铸，长11厘米，宽8.5厘米，厚约1厘米，云云。我听罢，虽觉不够过瘾，然想茶友艰辛所求，已是难得收获。

之后，心里一直想着两枚票印，于是四处打探，使劲寻找。天道酬勤，终于买到一枚。此印模名为《汪熙春六安茶》，长11厘米，宽8厘米，四围图案，中间文字。其中上部可辨文字

▼ 元隆春底票

为：奎记提庄、汪熙春六安茶，以及三行横排外文，下部正文约百字，因年代久远，模糊不清，无法辨认。

虽然印模牌号汪熙春依稀可辨，然因中间略残，致使内容不全，不知所云。于是我仔细查阅民国中期史料，一心想弄清其背后故事，哪怕一二也是珍贵。遗

憾的是，事与愿违，查有汪赛春、汪志春、汪锦春等，偏偏不见汪熙春。以此推测，该号存世时间可能在民国中期以前。还有一点，即依据印模刻有外文揣测，此号生意似乎已做到国外，否则仅在华人圈子里卖茶，大可不必如此虚晃一枪，费心来此几行外文。

世间事，得失貌似统一。此枚印模，表面虽没有透露太多信息，偏印模质地另有文章。这就是其质为铅质薄片，厚不足1毫米。缘此推测，当为嵌装于某个机械方可使用。换句话说，相比于前面所说木质、铁质，以及当今使用的胶质，安茶底票模板不但质地多种，且钤盖方法也多样。顺水推舟再往深问，安茶票除底票外，还有面票、腰票，其母体模板，又有多少故事，何日方可打探到底？

俗话说：有缘千里来相会。就印模而言，于我果真灵验。2018年春，好友立中先生弄到两块安茶底票印模，到手便呼我，说对我有用，决定送我，嘱我去取。印模到手，我欣喜至极，手抚眼看心思，试图穿越时空，弄清其背后的故事。

两块均为祁门安茶底票印模，一块叫王伯棠安茶庄，一块叫安徽祁门箬坑王同春和六安茶庄。查民国三十二年（1933）版《祁门之茶业》：同春和茶庄，经理王伯棠，坐落西乡箬坑。缘此知，两块印模出自一家。

王伯棠安茶庄印模长13厘米，宽12厘米，厚2.3厘米。底票我见过，其于21世纪初由云南人印在《中国普洱百票图》出版，后被台湾专家指出此为安茶票，不是普洱票。这次所得正是其印模，以底票与印模两相比对，内容基本明晰。

同春和六安茶庄印模，长14厘米，宽

❧ 王伯棠安茶庄印模

❧ 同春和茶庄印模

12.5厘米，厚均也是2.3厘米，图案也分为上、下两部分，上部为双狮抱地球，球心刻伯记明芽方章，其下为横弧，内刻"安徽祁门箬坑王同春和六安茶庄"14字。下部正中有文字和图案，尤其刻图为二人围一圆桌站立品茶，从服饰风格看，也是民国。左右文字因被岁月漫漶过久，很难辨认。

两块印模质地都是樟木板，上贴带图文金属片，因岁月氧化，生出黝黑包浆，证实其年份久远。至于一家茶庄为何印制两张底票，抑或谁早谁迟，则属扑朔迷离。

祁门安茶后因抗日战争爆发，销路中断，而整体埋没，王伯棠茶庄当然也一样，难逃厄运。如今时过近百年，王伯棠茶庄底票印模却浮现于世，且品相之完好，睹物思人，抚今追昔，当是茶系国运，国兴茶兴之感慨油然而生。

2. 茶票的故事

1984年后，中国茶坛风起云涌，万象更新。喝茶浪潮一波一迭起。先是20世纪90年代初，第一波名优绿茶热，群芳竞秀，花色品种近600个，市场姹紫嫣红；紧接是20世纪末，第二波乌龙茶热，福建安溪铁观音铺天盖地，走俏市场，席卷千家万户；随后是21世纪初，第三波普洱茶热。这一波尤其疯狂，以云南为代表普洱饼，横空出世，气势逼人。可以喝的古董，风靡一时，抢购加收藏，玩家趋之若鹜，其狂飙趋势一走多年，锐不可当。就在这时，为助推普洱销售，出版界推出一本《中国普洱百茶票图》，旨在以古老茶票方式，为普洱的悠久验明正身，充当说客。然细心看客审读，却另有发现。这就是图册所刊出的百票图中，竟有不少不是普洱茶票，而是老六安茶票，即祁门安茶底票。如此正打歪着，致使业界开始关注安茶票。尤其古玩市场，不时就有安茶票露头。笔者紧跟捡便宜，花几碎银，居然也淘到几枚。多数为整票，少数仅文字，读来受益匪浅。

祁门安茶，历来茶票有三：面票、腰票、底票。其中多数人说，面票、腰票随大件、长条而行，估计受拆装影响，每每多被商家忽视，保留较少，至今所见可谓凤毛麟角。而底票因随小篓销售，且多被埋于篓底，买家必须等茶叶用完，方才发现，感觉珍贵，从而留下，缘此保留颇多。笔者偶得几票，少数属腰票，多为底票。分析其中底票形式和内容，基本千篇一律，即上部商标图记，下部说明文字。其形式规格，也是一致。比香烟盒略大，长10厘米许，宽9厘米许；至于内容，各家为推介自身，防范假冒，皆极尽所能，争奇斗艳，百花齐放。总之，今日读来，颇感新颖和启迪。现披露如下，以飨读者。

【孙义顺票】

孙义顺品牌历史最久，事业最旺，名气最大，故目前社会所见茶票也多，有正宗道地的原装底票，且偶见腰票，也有仿制品。虽真伪难辨，然殊为珍贵。

关于正宗真品，孙义顺腰票为红纸质地，目前所见两种，一在大陆，一在台湾。两者规格约为四张底票之大，均无图案装饰，以文字为主。然内容略有区别，大陆票文字几乎与目前所见底票一样，鉴于笔者已在其他章节披露，此不赘述。台湾票为长方形，外框有线纹，上部收为斜角，有如古式功牌形状。内中文字十分简洁精练：

本号原向在六安州，拣选雨前上上细嫩真春芽尖毛蕊，近有冒称本号甚多。凡赐顾者请认秋叶招牌为记，庶主固不误。

关于仿品，目前所见有粉红纸质者，四围带回字纹，顶部略收，其中横书"孙义顺字号"五字，下面竖排文字，具体内容与上述真票一模一样，不多一字，不少一字，犹如备份。若非台湾《茶艺》载"参照孙义顺大（腰）票"，他人根本无法区别。

至于底票，目前所见老孙义顺的正品实物极少，倒是正文的说明文字流传蛮多。其基本为两种，内容也几乎一样。唯一不同的，是其中一句话，或为"历有一百五十年"，或为"历有一百八十余年"，两者相距三十年，想必分别属两个不同年份所用。有关仿品，肯定很多，因难以辨认，现随意晒出几图，供读者揣测。

【晋义顺底票】

此票为白色纸张，雕刻精细，图案清晰，字体工整，水平较高，折射出茶号实力和品位较好。上部以双龙戏珠为背景图案，最上正中圆圈嵌"祁门"二字，下为三连幅书状方框，内书"晋义顺"三字；下部三面各有图案，左为村落，右为花草，下为人物，中间为说明正文，上方再横幅五字：真正六安茶。方框嵌正文如下：

　　本号向在六安选办祁山高峰雨前芽茶，精工督制，□□精华，气香味美，玉液琼浆，解渴清热，消瘴开□，食之益寿延年而健，货真价实，岭海驰名。凡军商学界赐顾者，请认明双龙并晋文公古事□器皿唛头戳记，方是道地祁茶，庶不致误。新安祁南溶口晋义顺茶号监制。

Y 镒记億顺底票　　　　　　　　　　　Y 致和正义顺底票

　　这两张底票均出自祁南汪番德一家茶号，票面图案和正文完全一致，唯一区别是上部牌号各不相同，一为镒记億顺，一为致和正义顺，这在目前所见的安茶底票中，绝无仅有范例，故尤显独特。分析原因，估计是该号在两个不同时期所使用。

　　两票均为黄色纸张，花鸟主题为图案，上部为两只凤凰，立于牡丹之上，展翅欲飞；下部为松鹤、鸳鸯、云雀，分别立于岩石，嬉于水中，飞在林间，动感极强。整幅构图空间丰满，花草树木，疏密有致，线条流畅。图中嵌文字，一为"镒记億顺"四字，一为"致和正义顺"五字，其下再嵌"货真价实"字样，两侧"改良制造、中外驰名"，两票均同。正中主体说明文字以书卷形式展开，文采斐然：

窃茶之为物，钟山川之灵气，涵云雾之精华，得其地尤贵得其人。本主人向在六安业茶有年，既兹商业竞争年代，各宗货物，无不力求改良，益致力求精，不惜巨资，货必雨前，制必督工，所以巧夺三春，早占龙团雀舌之异，风生两腋，绝胜琼浆玉液之奇，至于止渴消瘴、提神辟疫。尤其余事向运贵地经行出售，销场颇畅，兹恐射利者流徒觅隋珠周□□□，贻误匪浅，特于茶篓内加双凤牡丹，唛头为记，诸君赐顾，请认记购买不误。新安祁南龙溪汪番德堂鉴记特白。

【新华顺底票】

此票为淡蓝色，设计以文字为重，故图案相对简洁。上部为二童扯起"新华顺"展卷，正中下方有"六安茶"小字，再下为铜钱花，四孔各嵌一字：金钱商标，背景图案为海浪云朵。下部为连理纹方框，围就正中说明文字：本号向在安徽六安选办高山云雾芽茗，不惜巨资，精工制造。其叶底鲜嫩，采摘必趁雨前；其香味清芬，焙制必谙炎候。历来贩销粤港商埠，迭承各界欢迎，货真价实，洵是最优之饮品。将恐市侩影射渔利，劣货掺销，致误主顾，兹刊用金钱商标，以杜冒效，此布。新安新华顺茶庄江义淮谨启。

▼ 新华顺底票

【正义顺底票】

此票为粉红纸质，不是正规印刷品，而是盖戳式样。揣摩原因，兴许是问世时间较早，兴许是经济实力有限，之所以才走了简陋路线。票面设计也相对简单，没有精美图案，外框仅为连续花草纹饰，中间为说明正文，上方横书：益春·正义顺

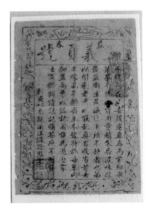

▼ 正义顺底票

号，下方竖排文字。与其他安茶底票所不同的是，此票票面另外加盖了二枚红色印章，一为天官人物，一为义顺锡记，估计为强化防伪作用。分析该票为盖戳式样，以及票面设计颇为简陋等元素来看，可能该号经济实力有限。

本号向在六安提选真春雨前细嫩芽茶，不惜巨资，用意精制，香浓味厚，最益卫生，是诚日用所不缺者也。茶以射利者流，以假乱真，滥收劣叶，希图蒙混，不顾宾主。本号特于每篓内加盖两票，以锡记图章为凭，历蒙仕商赐顾，请认记购茶，庶不致误。新安祁南龙溪汪锡余监制。

【先义顺底票】

此票花草图案茂密，上部略呈弧形框内印"先义顺六安茶"六字，两边分别嵌入"纶记"二字。下部为正文，左右两侧再印"货真价实""图章为记"字样。尤为特殊的是，此票落款时间：黄帝纪元四千六百零九年。这是清朝末期革命派使用的纪元，属辛亥革命时期特有年号，即1911年，次年民国成立，此后即停止使用。缘此推测，此票使用时间，恰为清末民初动荡时期，清朝将废，民国未立，商家只好暂用黄帝纪元年号。其说明正文儒雅温和，文采斐然：启者，我国

▼ 先义顺底票

出口之产，以茶为大宗。茶质之良，以吾六安祁邑之南为最。邑中山脉深厚，天气温和，且高峰林立，雾气团凝，故其茶厚叶灵，饮之清馥弗觉，又能健寿益神，夏日亦能生津解渴，居热带者尤能消瘴疫，于卫生大有裨益，为五州植物中之最利者。尔来商业竞争，各种货物无不改良，本主人有鉴于斯，是以不惜资本，专采高峰雨前云雾芽茶，改法制造，以图永久名声。士商光顾请认明恒雨大印改良督制图章为记，庶不致误。六安先义顺号主人锡纶谨识。

【六安义顺底票】

此票因票样流失，故设计图案不详，幸有文字流传于世。其中特殊之处有二：

一是点明具体销路：转销新旧金山及新加坡等埠，安茶外销状况略见一斑；二是落款时间为辛亥革命时期特有年号：黄帝纪元四千六百十年，即公元1912年。由此推测，该票用于清末民初的社会动荡时期，销路颇为广阔。此外，该票正文文字优雅别致，尤其在介绍茶品功效方面，别具一格，给人有耳目一新的感觉：

启者，自海禁大开，商战最剧，凡百货物非精益求精，弗克见赏同胞永固利权。本号向在六安选制安茶运往粤省出售，转销新旧金山及新加坡等埠，向为各界所欢迎。近以消场渐广，复鉴於优胜劣败之原理，乃不惮潜心考研，力加改良，而於制造烘焙诸端，参用新法，故近制之茶，较前尤美，不仅芬芳馥郁，且能健胃爽神，消瘴解毒，诚卫生之要品也，酒后饭余试饮一盂，大有击碎唾壶之致云。赐顾者认明海上铁船为记，庶免碱硃乱玉也。六安祁南溶口胡锡纶督制。

【义顺字号底票】

此票黄色纸质，构图疏朗，重点突出，雕刻精美。上部篇幅略小，为双凤朝阳图案，其中圆形太阳中书"凤记"二字，其下双童扯横幅，中嵌"义顺字号"四字。下部为方框，篇幅略大，四围以山水人物图案作纹饰，正中印说明文字，通俗典雅：

本号向在六安祁门选办高山雨前贡品芽茶、精工督制、酝酿精华、气味香美、玉液琼浆、解渴清热、消瘴碎邪、食之益寿、而健精神、货真价实、领海驰名。士商赐顾，请认戳记，庶不致误。新安溶口凤记义顺茶号谨识。

义顺字号底票

【廖雨春底票】

此票粉红色纸张，构图疏朗，设计独到，有别于其他底票的繁缛风格。上部为两面左右斜插的青天白日旗，其下为弧形横幅，内书"廖雨春六安茶庄"，再下另有小字"顶上银针"。下部为方框，二层纹饰，外为繁密缠枝花卉，内为花朵，左右两束，下为寿桃，内书"寿字商标"。围就正中说明文字：

本号向在六安，亲自提选雨前上上毛峰，不惜资本，督工精制，芽茶气味无双，驰名已久。兹恐无耻假冒，玉石难分，特用寿桃商标，寿字平记为记，如蒙赐顾者，请认明商标，庶不致误。新安祁山廖雨春主人谨识。

查民国22年（1933）《祁门之茶业》史料，其中有廖雨春，可见该号在民国中期还存在。

【胡钜春底票】

此票为黄色纸质，与一般底票不同，设计以图案为主，尤其精致，文字则摆次要位置。整幅图案以松竹梅鹤凤纹饰为外框，烘托正中圆形开光图案中的人物，文字仅置于图下方的书卷图案中，布局合理，匠心独运，画面精美。图案最上方为弧形横幅"胡钜春号精制天元卫生茶"，两侧合嵌"新安"二字。中部开光中画仕女天官图，以庭院为背景，天官手展"天元提庄"四字，突出牌号主题，下方楷体说明文字，角度独特，口吻儒雅，文采斐然，显出不凡品味：

胡钜春底票

我华族茶产所在多有，惟我六安茶独具一种，天然物质，色味俱佳，清香较胜，饮之可以消烦辟瘴，佐益元阳，自是日用卫生妙品。本号因命牌天元，向以货真价实，力图驰名久远，今更加刊天官机器唛头，盖用涵记图章为记，绅商垂顾，请认明牌记，庶不致误。新安祁南溶潭胡钜春号精制天元主人象涵谨启。

【胡天春底票】

此票为黄色纸质，构图丰满繁密，雕刻细腻精致。图案上部为海水、花瓶、花卉背景，

胡天春底票

正中双童展卷"胡天春"三字，字上有"涵记提庄"四字，下有"日隆昌"三字，左右各竖四字：六安贡品、四海驰名。两边花瓶内有"气味香浓、有益卫生"字样；下部为山水人物，左右为八仙过海，下方为竹林七贤，山水人物，济济一堂，布局有致，刻工精细，纤毫毕现。图案正中说明文字，强调功用和牌号：

敬启者，我号安茶历有年所，不惜资本，提选雨前上品芽蕾，加工精制，以图久远驰名，饮之不苦，气香味厚，清新止渴，且有提神益智消滞之功，辟疫除瘴解饥之效，实于卫生大有裨益。近因无耻徒辈，假冒我号招牌，希图射利，以致鱼目混珠。今加刊日隆昌三字，分别布告，绅商光顾，请认明此为记，庶不致误，是祷。新安祁南溶口胡天春号监制主人胡象涵记。

【胡万春底票】

这是一张粉红色纸质票，顶上为八仙过海人物图案。下为扇形开光窗框，分别书："上上贡尖""胡万春字号""货真价实"三行楷书。楷书两边貌似为和合二仙。下部以左右和下部人物三幅图案，簇拥方框文字：

本号向在安徽祁山，拣选六安雨前真春茗芽，特别精制，发各号□□。其色尤润，其香悠远，其味和平而醇厚。群山出众，□消饮食，提精神，以及不严服水土，□□□，以尽远此，无价□，远近驰名。凡贵士商赐顾，务请认本号招牌，八仙唛头图为记，庶不致误。新安祁南溶口胡卫养监制。

【普海春底票】

此票颇洋气，粉红色纸，图案丰满。上部汹涌波涛的大海，浩荡行驶一巨轮，浓烟滚滚，表现海运繁忙。中上部五框布楷书，分别为：普海、春纶、记六、安义、顺茶。下部花草簇拥一椭圆，生机勃勃。圆内书文字：启者自海禁大开，商战最剧，凡百货物非精益求精，弗克见赏同胞，永固利权。本号向在六安选制安茶，运往粤省出售，转销新旧金山，及呈

❦ 普海春底票

（新）家坡等埠，又为各界所欢迎。近以消场渐广，复鉴于优胜劣败之原理，乃不惮潜心考研，力加改良，而于制造烘焙诸端，参用新法，故近制之茶较前尤美，不特芬芳馥郁，且能健胃爽神，消瘴解毒，识卫生之要品也，酒后饭余，试饮一盂，大有击碎唾壶之致云。赐顾者认明海上铁船为记，庶免矾□乱玉也。新安祁南溶口胡锡纶督制。黄帝纪元四千六百十年改换石印。

❧ 汪福春底票

【汪福春底票】

此票外围边框，上下雕人物，两边刻花鸟，中间为文字。上部刻和记堂号、主人汪福春、寿桃商标等内容，以枝叶繁茂寿桃图案衬托；下部为说明正文，突出历史、功效、商标等内容，儒雅精美：

本号汪立春牌面，开创百余有年，年久已驰名，中外畅销。近因牌号分歧，名俱沿旧，若不改良标异，诚恐贻误非浅。本号是以特设一庄，拟于六安山之间，专办云雾高峰嫩芽，改良精制，色鲜味甜，能降浊升清，实卫生家之佳品。蒙各界赐顾，请认寿桃商标，方是地道汪立春六安茶，真贷不误。新安祁门和记立福春披露。

【历山春底票】

此票为黄色纸张印制，上部青山绿水图案，刀法遒劲有力。下设云朵，云朵中书篆体六字：历山春号法制。下部为方框，左右和下端均人物图案纹饰，正中楷书文字：

环祁皆山也，山□自历山，发脉其□，高巘耸入霄汉，云雾涨漫，以护祁茶□□。色香味三者之胜，较他处所产者，性质特优。本主人业此有年，考察精确□□，创历山春字号，上绘本山云雾女工采茶，图盖□□□历山故事。因本主人出□氏后，蔽其山名，天然妙合，用作牌唛冀。士商认明赐钱，注意本号茶品，

□请一□饮之，诸如制法之佳、贷质之美，□不□云，庶免有惧。新安祁南溶口历山春胡绍虞监制。此号在民国21年《祁门之茶业》中有载，足见生命力颇强。

【康秩春腰票】

此票为白色纸质，台湾《茶艺》杂志明白无误标注其茶为"后人仿制的康秩春六安篮茶"，可见票亦仿品。票面几无美术设计，外围仅一圈细小铜钱连理纹图案，内印楷体文字，上方横印：康秩春老号，下方竖印说明文字：

安徽康秩春向在六安采选明前细嫩春芽上茶，精工制造，贵客赐顾，请认明内飞为记。安徽康秩春号谨白。

【汪厚丰底票】

此票具体票样不详，唯有正文说明文字流存于世，标注为卫生安茶，具体内容为：

本号向在六安拣选雨前上上芽蕊，不惜资本，加工秘制，精益求精，特别改良。叶底较别号细嫩，食之浓厚味有幽香。能健精神，而可生津，并且益寿避瘴。凡各界赐顾诸君，认明龙鹿商标并主人图章，庶不致贻误。图章为椭圆形，印章：汪德崇新安祁南店铺滩。

▼ 汪厚丰底票

【王伯棠底票】

此票印模上文业已介绍，实为二种。其一为王伯棠茶庄底票，粉红色纸质，整个长方形图案以花草为纹饰，上部刻五人物头像，头像下刻"祁门"二字，再下横刻"王伯棠安茶庄"六字，周边为花卉和铜钱纹饰。下部正

▼ 王伯棠底票和印模

中为圆形，刻双穗环抱"头等嘉禾牌"五字，圆形两侧为文字，分别为：

本庄向在祁门采办雨前□□□春六安，运□分行发售，□□商茶□，凭有余年□，自□制造，精益求精，精诚卫生，产品□□；近来各界□□□□，近有□茶影射，以假乱真，惠顾诸君，请认明□□嘉禾牌，面票为记，庶不致误。安徽祁门王伯棠茶庄谨记。

其二为同春和六安茶庄底票。该票具体图案风格，上文业已介绍，此不赘述。至于具体文字，印模虽难以辨认，倒是网络流传其票，颇为清晰。现刊载如下：

本号开设安徽祁门箬坑，历有年所，专以采办明前云露芽茶，不惜重金，遽聘名师，制造得法。异茶细而且嫩矣，味美而且甘，饮之认为卫生，家之妙品也。务望赐顾之君，请□孙义顺之茶□数可也。且茶业较他号，仍然能超上，惜乎价格不可与之齐趋并驾。小号今以推广起见，特制此盒，□□足之茶，以为□□，欢迎诸公，不信请尝购一二小篓试之，便知虚伪也。近有无耻之徒，多冒本堂字样，以假混真，本主人今特加以双狮捧球唛头为记，庶免致误。安徽祁门王伯堂主人谨识。

【致和镒记底票】

此票为粉红纸质，不是正规印刷品，而是盖戳式样。如此简陋制作，追原因，可能时间较早，也可能是经济拮据，具体不得而知。设计也相对简单，没有图案，四围仅以连续回纹纹饰，围成功牌形状，中间说明文字，颇具文采：

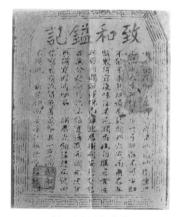

致和镒记底票

小国出产，惟茶最贵，消瘴气，助提神，卫生之上品也。人生可得而少之乎，然既不可少，即不能不求其地道。本号开办六安，雨前春茶，监制得宜，气味佳，美色润，香幽自胜寻常，递年夏月间贩运佛山镇北胜街利安行发售，并无分起别行代沽，信实通商，希图永达，货真价实，迢迤驰名。诸君光顾，请认本号内票，察看真伪货色。盖饮茶者一烹而即知之，不误也，新安祁南龙溪汪发德堂镒记启。

【胡广珍底票】

此票粉红色，图案生动简洁，明显分为上、下两部分。上部双童骑坐于花卉图上，共拎一圆，内书"提庄"二字，其下为"云雾茶"三字，再下为横幅"胡广珍字号"；下部四周为暗八仙图案围成方框，方框左下角另加盖有红色印章，框中为正文说明文字，颇为精练：

本号开张六安，专办雨前贡品毛峰芽叶，加工精制。久蒙士商诸翁赏鉴赐顾、驰名广远。兹恐射利者溷徒，觅隋珠罔惭苶鼎用，特加附仙医指引图像，以志本号真样，庶不致误。新安祁南胡广珍茶庄。

【苏积兴腰票】

此票为橘红色纸张，四周无围框，更无图案，仅有中间文字，似为腰票。说明文字为规整楷体，其特殊之处，在于详细介绍了底票、腰票、面票各自的图案和印章，殊为珍贵：

具报单人安徽苏积兴安茶号，向在六安采办雨前上上细嫩真春芽蕾，加工拣选，不惜资本，向运佛山镇经行发售，历有一百五十余年。近有无耻之徒，假冒本号字样甚多，贪图影射，以假混真，而茶较我号气味大不相同。凡士商赐顾，务辨真伪。本号茶篓内票三张，底票天官，腰票、面票上有和合太极苏积兴号

苏积兴腰票

图章为记，方是真正苏积兴安茶，庶不致误。本号并无分支及加庄记等字，倘有假冒我号招牌，男盗女娼。新安积兴谨启。

【六安茶票】

此票为台湾《茶艺》杂志刊载，说明文字为"曾志挥先生称参照孙义顺而作

的澳门笠仔六安"，故茶票亦仿。质地为白纸，票面毫无艺术韵味，仅以翻卷古籍页面为图案，内中印楷体文字，也较简单：

本号拣选雨前春蕊，茶色斟酌，不惜工本，迥非寻常，以图久远，近有无耻射利小人，将筐丑之茶假冒本号招牌，更伪字音相同，字影相似，鱼目混珠，真伪难分，欺骗士商，不顾天谴。本号访出，定行呈官究治，谨白。

另有祁南溶口历山春底票，白色纸张，四围图案为山水，构图疏朗，线条流畅，画面和印刷均很精美；胡万春底票，粉红纸张，四围图案皆为人物，画面周到，布局规整。二者雕刻和印刷均精细，美感很足，显示二家茶号实力和水平均非同一般，然因系网络照片，文字难以辨认，故在此略去。

茶中置票，古来有之。囿于当时的科技条件，色彩不算多，红绿黄白而已，纸质不算好，油光或普通质地而罢。但各商家似乎均将此当作名片工程看待，为挣面子，较劲比赛，一家更比一家好。不但设计精美，图文并茂；且镌刻考究，精雕细琢；再加印制精湛，豪发显现，致使渺小票据，藏奇大乾坤，图美字美雕美印美，风流占尽。其穿过幽深时间隧道，沧桑感厚重感油然而生，俨然成为历史物证和文化遗珍，不小心便跻身于艺术品收藏品行列，大受追捧。云南出版的《中国普洱百茶票图》，曾洛阳纸贵，疯抢一空。至于货真价实的原装安茶票，更是抢劲疯狂。遗憾的是，光阴岁月久，世人抛弃多，实物留至今，只能沧海一粟，无疑为一道靓丽风景，浓郁氤氲美丽绽放，令人爱不释手。

新时代，安茶复生，茶票乃传统标识，防伪标记，何况饱含文化，积淀丰厚，当然必须传承。于是面票、腰票、底票依旧，形式规格几乎未变。然印模质地有变，基本以橡胶材料制作，特此告知。

3. 品鉴会的故事

今人喝茶，形式多多。譬如品鉴会，就是其中一种。尤其都市，愈演愈烈，愈来愈热，吸引文人墨客，白领精英，趋之若鹜，乐此不疲。

话说淮北人刘平先生自与祁门孙义顺厂结伴合作后，便在黄山市屯溪黎阳水街开设了一家安茶店。然他感觉不过瘾，认为只有走出去，才能打开更大市场。

于是甲午盛夏，与京华闲人赵英立先生策划，决定来一场品鉴会，以慰问京都部分铁杆粉丝和茶友。笔者受邀讲安茶，归纳过程，感悟可谓茶模荟萃。

那日品鉴会在朝阳区碧露轩茶艺馆启幕，受场地限制，50余位茶友，挤得馆内满满当当。见多识广的茶粉，初见两款茶，居然一脸茫然。面前安茶，古书未记，专家未说，教科书、工具书未载，茶名就新奇。再看外相，竹篓装，箬叶裹，茶粉更感新鲜。兴趣是动力，于是他们打听探究咨询，品鉴会未发力，功夫先达。下午三点，品鉴正式开场，无论美女操琴煮茶，还是茶客端杯啜饮，抑或茶人演示讲茶，此后三小时，基本鸦雀无声，细细听，慢慢啜，悠悠嗅，无人乱置一语，各位深情品味，静谧后爆响一片喝彩声，众口一词均说好，想必是安茶魅力所致。由此说，孙义顺安茶，可谓徽州茶模。

☙ 京都品鉴会场所

☙ 屯溪黎阳孙义顺安茶店

细说品鉴者，老少男女均有，年长者 70 有余，年轻的 30 岁上下，衣着靓丽，举止端庄，以雍容尔雅、仪态万方形容，丝毫不过。表面上，他们仅以爱茶者自居，十分低调。其实，绝对顶级茶客。世间茶，不说百分百认识，至少九成他们知道。其等侍茶多年，几乎个个身怀绝技。其中不少人，只需扫一眼茶色，或啜一口茶汤，便能叫出茶名产地，工夫好生了得。然参会时，个个身份神秘，当场仅呼某先生某女士，不介绍职业，不交换名片。操持品鉴会的赵先生说，都是茶友，无须细问。真要打听，只能告诉你，基本为京都精英白领政要，只因都爱茶，五湖四海来到一块了。之所以，今天不请媒体，不带商味，纯粹喝茶。于这些茶人中，幸有笔者所熟悉的，如赫赫有名的当代茶圣吴觉农之子甲选先生夫妇。

　　实事求是说，以品鉴会形式，实行产区和销区对接，茶品与茶客碰面，零距离接触，面对面交流，诠释主题：好山好水出好茶，已是新形势下的售茶新举。安茶本古老，现场再加古琴、茶艺等多种形式介入，本为乡村土俗之茶瞬间升华，便到琴棋书画诗酒茶的境界。席间又有茶友评点，个个出口不凡，番番言辞精彩，无论评点，抑或建议，要义基本围绕如何将好茶效益发挥到最大值的主题，演绎得卓尔不凡，极致经典。然末了口径，居然集中在"好茶当卖于好人喝"中落锤，说"我等就怕买不到正宗道地原生态好茶"之类。从这个角度说，买卖二者的深情期待，不啻为庞大动力，推陈出新、出奇制胜，该也是最好不过的新式茶模。

　　祁门安茶入京，惊翻京都茶友一片，大出风头一把，效果始料不及，令人惊诧不已，半天难缓气神。事后，有人总结打油：深谷幽兰安茶来，碧露香韵甲午开。高朋阔论惊鸿起，京华茶模走 T 台。

　　北京是政治经济文化之中心，喝茶也为"旗帜"。缘此，继朝阳区品鉴会后，丙戌年秋，刘先生再次出手，于马连道、清香园，以及中茶公司的茶人之家，连开三场品鉴会。诸多茶友，观点碰撞，视野洞开，受益匪浅。其中国内著名茶文化大家于观亭先生，现场朗读自己此前撰写的《品安茶》诗一首：宗华带茶一竹篓，邀我同品共研究。说是朋友芳村购，安茶陈化十年久。开汤审评像普洱，甘醇陈香口中留。查阅资料细品啜，确是安茶一小篓。北京市茶业协会副会

本书作者与国家茶文化研究员于观亭合影

京华品鉴会

北京茶人之家品鉴会

长傅光丽说，自己曾见安茶带金花，不同寻常。后再深入交流，我说安茶相较其他茶而言，不只山头、茶机、水杯三次生命，而应加库藏四次蜕变。有大师听罢，稍做深思，当场以蝉蜕而重生，羽化而登仙赠言，建议笔者联系蝉蜕道理，丰富此论。回来后，我恶补功课，获知蝉幼虫时生活在泥土中，将要羽化，才出土表，爬到树上，蜕皮羽化，至次年6月再孵化成虫。如此在土中生活若干年，秋去冬来，共蜕皮5次，其生命历程果真如安茶，在时间中蛰伏，于空间涅槃，再获新生，使我对安茶认识又高升一层。

缘此感悟，品鉴会是利器，当大力推广。于是此后，受茶友邀请，为安茶宣传，刘总与笔者又有了古城西安、川府成都、六都南京、南国广州等品鉴会。

无独有偶，类似的品鉴会，黄山春泽号、合肥华夏茶学院、广州苏祈女士也都有过实践经历。

❧ 成都品鉴会　　　　　❧ 南京品鉴会　　　　　❧ 广州品鉴会

❧ 春泽号活动　　　　　　　❧ 合肥华夏书院品鉴会

4.《茶盗》电影的故事

2017年秋，一部以安茶为主题的电影《茶盗》，在各大都市隆重上映。

影片集多种风格于一体，既悬疑，又武打，且爱情，还幽默。叙说故事却简单干练，情节明朗清晰：南港杜老板爱茶，闻老徽州有百年安茶，被商人伍道义知晓，收下定金，许下诺言"保证找到"。伍老板唆使古蛙仔前去盗茶，蛙仔缘此结识正追求安茶传人汪国龙之孙女汪小月的吴瓜瓜，获知不少信息。蛙仔夜盗茶，没想与汪家祖孙交手大败而逃。伍道义决定亲自出马，只身前往老徽州，费心思结识安茶传人汪国龙，无意间获悉汪将举办蒸茶仪式，决定伺机盗茶。没想计谋被汪家识破，伍道义与古蛙仔落荒而逃，汪国龙现身坦言：东方礼仪，以茶会友，何以窃茶为荣？伍道义顿时羞愧无言……

电影《茶盗》海报

《茶盗》拍摄现场

关于《茶盗》由来，其实事出有因：该片导演潘富荣也算茶痴，常到安茶故乡黄山市黎阳水街喝茶，在孙义顺茶店无意间听到安茶故事。后又见笔者所撰不少安茶文章，深化安茶认识，感悟此茶身世传奇，底蕴深厚，可深度挖掘一番。循此一路探究，潘导迸发灵感，决定以此为题，编导一部电影。2016年夏，剧本出炉，为慎重起见，潘导就蒸茶工序，与笔者再三推敲，说是此为戏眼，场景不能有败笔。同时邀审剧本，且说算是顾问。笔者说电影是外行，有关安茶略知一二，争取影片不出硬伤，当为责任。不日其发来邮件，笔者逐句细审，写出十多条建议发去，且预祝其票房冲霄。入秋，潘导带工作人员来屯溪落实外景事宜，我们再次碰面，问进展情况，其告基本落实，片子由深圳时代金典文化公司与海豚影业联合投资，主角由著名港星梁小龙先生出演。话毕，介绍身边同伴。同伴为年轻美工，当即掏出手机，打开2张茶票，询问具体规格和纸料情况。笔者看2票，告之一是安茶票，真实可靠；另一似为普洱票，建议更换，以免露出破绽。至于规格当为10厘米左右，为慎重起见，后归家找出真票，量好尺寸，再以邮件发去，以逼真效果。

之后，影片《茶盗》在川府成都举办了开机仪式，便正式开拍。随后消息不断传来：该片班底阵营强大，潘导是核心，每场戏都认真把关，每个镜头都不放过，每个细节都力求符合审美，大到裤带高度，小到张嘴弧度，甚至拿尺过量，令

本书作者与《茶盗》编剧(右)

我敬佩；主角梁小龙，为香港传奇功夫巨星，因陈真一角，一举成名，名传遐迩，声誉影响至今。尤其有缘的是，其演的《霍元甲》在大陆上映那年，恰逢港人关奋发寄来安茶，从此安茶复苏。没想其息影多年，今复出江湖，再演电影，居然就是以安茶为题的《茶盗》，令我激动；还有饰演伍道义的吴文，人说西南第一笑星，出演过《奇人安世敏》《国际刑警》《傻儿师长》男一号，本次为《茶盗》男二号。本就老演员，何愁片不美？另有张凯，原为嵩山少林寺第34代弟子，后还俗从事演艺。传奇身世，真切武功，虽未看其戏，但胃口早被高吊；剧中唯一女主角姜明月，人道90后功夫花旦，电影学院科班出身，举手投足、一颦一笑均出彩，武功更了得。　再往后，《茶盗》没了消息，我深知此时无声胜有声，当是进入后期编辑程序。果不其然，2016年12月在深圳，笔者又遇该剧出品人兼制片人的沈春航，还在剧中饰演杜老板。笔者与其交谈，知他是安庆人，与我之徽州，合成安徽，生成安茶，方有《茶盗》。告之此中茶缘，他以手捋胡须，眼睛在镜片后会心微笑。后《茶盗》上映，笔者急切一观，真切感觉此片画面美、人物美、动作美，不但将篓装安茶和蒸茶场面，经夸张处理，效果极好；且将民谚：一楼喝普洱，二楼喝安茶，作为盗人联络暗语，配搭得天衣无缝。

再往后，又听说《茶盗》在加拿大金枫叶国际电影节上，一连斩获三奖：最佳影片提名、最佳制片人、最佳男配角。深为这部将中国茶文化与中国功夫配搭得天衣无缝，既延伸中国以茶会友高尚品德，又频抛笑料，令人捧腹，忍俊不禁的佳影美片，感到骄傲。

除电影《茶盗》外，黄山市屯溪黎阳水街孙义顺茶店老板刘平先生还出资拍摄了一部电视专题片，拍摄者为中国国际广播电台电视制作中心《茶无界》摄制组。该片从1984年香港关奋发先生寄来安茶入笔，实地追溯老字号孙义顺遗址、安茶故乡芦溪妙绝风光，以及神秘的安茶生产工艺、质朴沧桑的安茶非遗传人、学者追溯安茶历史等，其中诸如人力挑茶、河道船运、码头装卸、山洞窖藏等镜头，乃当年情景再现，殊为珍贵。整部片长30分钟，山光水色、人文氤氲、诗情画意，意境十分高雅。尤其片尾一句：孙义顺安茶，每一杯等你五百年！余音袅袅，内涵深邃，回味无穷。

《安茶纪事》拍摄现场

六、茶人老号风姿绰约

1. 渐江解谜安茶

说安茶茶人，首当其冲当说渐江。

渐江何人？肯定许多人不知道，然却是一值得夸赞之人。尤其于安茶，无论历史推介，还是身世揭秘，均是有功勋之臣。

❦ 渐江塑像

渐江身份颇奇特。首先他是和尚，且特别忠君事主。用今人话说，讲政治，顾大局。渐江本姓江，名舫，字鸥盟，生于明万历三十八年（1610），卒于清康熙三年（1664）。早年习举子业，做过明朝诸生。34岁那年，明朝灭亡，他不愿当亡朝奴，先抗清，失败后干脆削发为僧，取法名弘仁，号渐江，四处云游。后回到徽州，先居白岳，后迁黄山，最后回故乡歙县，先后住太平兴国寺和五明寺，直到去世。

其次他是画家，且是孤傲画家。渐江遁世后，隐姓埋名，开始以画为生。长期居黄山，当然画黄山，人说是黄山写生第一人。他在黄山，多居于树皮所搭棚内（今皮蓬），往来云谷寺、慈光阁间，收松石云壑之奇，挥洒丹青绘山景，给后人留下《黄山真景图》50幅及其他许多作品。因是明末遗民，不肯随世俯仰，故他的画基本以严峻清高为基调，画面冷血，独树一帜，后人称之为新安画派创始人，与石涛、八大山人、石溪、成为清初著名四僧，名望颇高。

渐江既为和尚，当有禅茶一味佛缘；又为画家，更有茶墨齐香根基。之所以，渐江于茶事，故事也多。现撷其中一二，以窥全豹。

他在《宿掷钵禅院》写道：肃袖入招提，峰头日偃西。寒暄承简约，茗饵正捆饥。钵掷龙潜息，仪严梵奏齐。香林周竹柏，规度继云栖。这里的掷钵禅院，俗名丞相源，在今云谷寺地。诗中的茗饵，指茶和糕饼食物。试想一和尚，夕阳西下时，画兴正浓。肚子饿了，有人送来茶水和食品充饥。此时再响什么梵钟经鼓，已不予理会，品茶作画才是硬道理。

❧ 渐江画

类似事例，还有康熙二年（1663）更热闹。说是这年夏季，渐江游匡阜归来，与伙伴旅亭、允冰二人在披云峰下休憩，每天理石案，汲山泉，焚香煮茶。尔后取出所藏的书画鼎彝，鉴赏把玩，乃至废寝忘食，沉溺其中，整天陶醉，乐不思蜀。关于此事，不但他自己留有记述文字，另歙县文人许楚在题《石淙舟集图》诗并跋中，描述更为细致：癸卯休夏五明禅院。六月既望，适渐公归自匡庐，道过丰溪，吴不炎西递留憩旬日；泊与叔氏惊远偕渐公放筏西干，携先世所藏右军迟汝帖真迹及宋元逸品书画凡数十种，访余荒寺。开囊触目，玉躞金题，应接不暇。饭后，允凝呼舟贳酒就荫石淙。灌木被潭，澄沙泛碧，风生几研，不暑而秋，瀹茗焚香，纵观移日。

就这个渐江，数十年以茶为伴，打禅作画，肯定懂茶，且为大家。缘此分析，其对于家乡的徽州之茶，毋庸置疑，更是了解。之所以，他晚年回歙县后，便常有茶事书信往来。其中一次曾向好友乞安茶。于安茶而言，意义非凡，尤显珍贵。

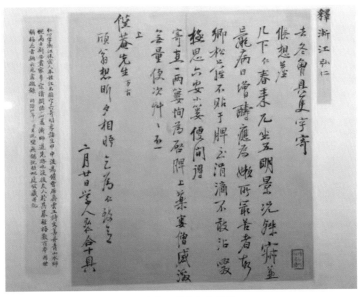

▼ 清康熙间渐江乞茶信

渐江向好友吴仅庵求安茶信件是这样写的：去冬曾具只字寄候，想尘几下。仁春来兀坐五明，景况殊寂，兼赢病日增，酬应为懒。所最苦者，故乡松萝，不贴于脾，至涓滴不敢沾啜。极思六安小篓，便间得寄惠一两篓，恬为启脾上药，宴僧感激无量，便次草草不一。上仅庵先生万古，欣翁想昕夕相晤，乞为仁致意。二月廿日，学人弘仁合十具。

在此信中，渐江提到两款徽州茶。一是松萝，因不服脾胃，他涓滴不敢沾啜；二是六安小篓，认为是启动脾胃上等良药，故央求好友得闲间，无论如何惠寄一二篓，自己感激不尽。

此信后被取名为《与吴仅庵》，收入1984年安徽人民出版社的《渐江资料集》。查吴仅庵其人，名吴揭，字连叔，为歙县西溪南人，约生于明万历二十三年（1596），至清康熙十三年（1674）尚在世。说是工诗，善书法，与渐江、查士标均为好友。遗憾的是，该书注释六安小篓，说为产自六安的六安茶，出售时常以竹篓包装等。因其时安茶尚处沉寂，并未复兴，故不被人注意。直到2017年夏，北京故宫举办清代四僧书画展，不少渐师真迹被公开亮相，其中《渐江索茶笺》赫然在列。此时安茶已复出多年，且日趋火爆，由此引起茶界重视。他们依据信中所提的松萝，以及歙籍乡友二者推断，渐江所索六安小篓，肯定是徽州故乡茶产。同时推断，渐江写此信，当为清顺治十三年（1656）至康熙二年（1663）间，足以证明此茶知名度影响力非同小可，茶品异常成熟。缘此推断出安茶创制年份，肯定早于此前，即至少在明末就已面世。

▼ 渐江资料集

节气和尚、孤傲画家，再加解谜茶人，便成为内涵丰富的渐江。一个对安茶，尤其有揭秘之功的奇人。

2. 其他茶人的故事

安茶历史数百年，产生茶人肯定多。既有产家，也有销家，更有饮家，由此构成芸芸众生。因时间久远，抑或内容奇多，统一展示肯定困难。缘此笔者偷懒，依手头史料，择年份各一，权为代表。

先说两产家。一叫许锡三，祁西历口许村人，生于清同治四年（1878），卒于民国二十七年（1938）。其在历口街开设隆茂昌茶号，既做红茶，也做安茶，烘房100多个罩，足见规模非同一般。老许体魄强壮，会武功，且高强。曾与人比试，其坐太师椅，两人摁双臂，两人摁双腿，一人背后拽长辫。只见其一声吆喝，稍微低头，轻使暗力，便将背后拽辫之人，拉过头脑，甩倒前面，可见功夫了得。其做安茶，尤其讲诚信。一次发大水，暴雨倾盆，他要赶去广州。人皆劝说，改日为好。为不误客户，他毅然启程，一路叮嘱船户，自己前面探路，撑篙随后跟行。只见他头戴箬笠，始终立船头，指挥木船忽左忽右前进。一路下阊江，过鄱阳，渡赣江，直至上岸，果真安然无恙。尔后，挑越过大庾岭，日夜兼程，如期将茶送到广州。广州老板激动不已，连说：我正准备往境外发电报，承诺失信赔偿，没想你老许救我一把。老许哈哈笑道：男子汉，大丈夫。答应的事，就是天上下刀子，也得来。先人如此，后人一样。二说当今芦溪有家南香厂，2016年不幸遭遇洪水，8 000多斤毛茶全被淹。为保证质量，对消费者负责，老板毅然决定烧毁这批茶。当熊熊大火冉冉升起之际，损失虽说是钱财，然收获却是众执一词的赞许。因为诚信是金。

再说一销家。2014年夏，祁门安茶故乡芦溪，来了一男一女两贵客，男叫邱文诚，女为其太太，是一对夫妇，来自马来西亚。二人一路飞机、火车、汽车，不远千里奔芦溪，目的就是问安茶。说起邱先生业茶，可谓家有渊源。清末，其祖父为避战乱，漂洋过海移居海外，因家乡茶香一直萦绕，到父辈干脆营茶，创办邱茗茶公司，到文诚操盘，已是家大业大，一次邂逅安茶，从此一发不可收。那是1992年，安茶刚复出，被文诚在广东遇见，激活幼小记忆，当即进货，从此与安茶结缘。此后每年进货，多

许锡三

则千斤，少则几百。1996年7月，他到广东佛山，在金茗茶行，意外结识芦溪安茶江南春老板汪升平，几经交谈，一见如故，离别时签下一单。此后十多年，双方电话不断，买卖多了，效益好了，感情深了，于是2007年，邱老板说想到安茶原产地看看，于是邱先生开始了不远千里的芦溪之旅。有了第一次，就有第二次，邱先生每到芦溪，不仅认真考察安茶生产环境、制作技艺和历史文化，同时深刻思考，对安茶特性、销售进行琢磨，试图弄出些门道来。到2014年这次，整理出一大套理论，无偿奉献于汪老板。归纳说，独到理念有五：一是制安茶，只能用祁门槠叶种，且只能用春茶作原料。道理是安茶非常耐泡，一般十泡后，仍然有味。原因就在于环境好，茶种好，两好叠加，黄金绝配，它类不可复制。二是安茶和其他黑茶一样，具有随时间转化的特性，越陈味越强。然真正想品到安茶茶味，非要十多年陈茶才行，因为只有充足时间氧化，陈安茶才现醇陈香。三是品饮新安茶也有乐趣，道理是安茶经过十多道独特工序，多次复火产生火味，非新茶无以品到，品火味也别有风味。四是安茶的贮存收藏，对温度和湿度要求特高，不同时间品饮，滋味就不同，为此年份也可定价。五是历史上东南亚一带是安茶主销地，但中断半个多世纪，现知晓安茶者多为垂暮老者，年轻辈许多没听说过，之所以推介宣传宜大手笔，才能迅速提高知名度，快捷提升附加值。身在庐山外，方识真面目。一个地方要发展，就要有独特魅力。芦溪卖安茶，意外卖来新理念。这就应了那句老话：酒香不怕巷子深。邱先生深谙此理，视安茶为己出，投资金再投智慧，力图以特定茶品，打造特定消费群，抓亮点，争赢家，一门心思研究揣摩，且将成果无偿奉献。销家达到这个程度，可谓境界高，水平更高。

后说几饮家。丁酉年深秋，三联书社摄影家李玉祥先生，忽发微信于我：带我看看安茶是怎么回事，可好？既是老友所托，不敢怠慢，考虑当有加工现场最好，当即与春泽号联系，且一切落实。殊不料，见面时不但有其本人，且带来四位茶友，说也是喜安茶之人。秋阳高照，满目金光，我等两车共发，至祁南塔坊安茶厂，院落正有女工在晒茶，经问，方知为是晚夜露准备，引发众人好奇，打开相机，一阵猛拍。再至车间，烘槽正烘茶，棉被盖住，手摸一片暖。地下两男工正在包装打围，茶友无疑充满兴趣，连连发问，频频摄影。尤其对此山区，至今居然保留如此原生态古法制茶工艺，大为震撼。再至其他车间，见女工打高火，以及编箬片等，更是惊叹不已。须臾，乡书记和厂部余总赶到，满脸微笑欢迎和解答各种问题，茶友大感受益。

❥ 春泽号厂

❥ 京人到春泽号问茶

类似饮家，还有复旦大学一对夫妻教授，每年均来芦溪。他们以香港地区所购安茶为样，随身携带，对样购茶，说是为女儿做嫁妆；广州一公司总裁张女士，专程由芜湖茶友陪来芦溪，为的就是在安茶故乡，品鉴一杯正宗道地安茶。如愿以偿后，大为赞叹。

🍃 美国客人问安茶

3. 两种不同的孙义顺

如今时兴老字号，看似是对资深商家的尊重，实为对诚信岁月的尊敬。若说安茶老字号，孙义顺无疑是最具影响力的。然而细究其中历史，过去孙义顺和现在孙义顺，基本就是两码事。

先说过去孙义顺。尽管此孙义顺始创时间现已无从查考，然笔者通过走访安茶故乡芦溪的多位老者得知，其最先老板叫孙启明，约为明末清初黟县古筑村人。启明原与胞弟同在皖西六安经商，他做茶生意，弟做木材买卖。经商多年，其弟生意兴旺，发了小财，加上好善乐施，家乡修桥补路，均慷慨解囊，捐物捐钱，乡人很是感激，口碑不浅。然启明运气颇差，生意一直不旺，由此回家就少，回报乡梓更无从谈起。有道是，世事习惯看表象，输家赢家，一掷千金才算大家。缘此不明就里者，便视启明为铁公鸡，说他一毛不拔。启明深感委屈，然又无奈，期待有朝一日振兴，衣锦还乡。心有愿，行必动，经思考，毅然决定回家乡徽州经商。他孤身一人，先在祁南程村碣做茶，仍无起色，后顺水而下，来到芦溪店铺滩，找到一汪姓茶商，商定以入股方式合作。启明占四分之一股份，汪家占四分之三股，并将自己孙义顺招牌，以300元大洋作价卖与汪姓。这汪姓原有怡大安茶店，经营多年，成效不大。接过孙义顺招牌，感觉顺口响亮，干脆放弃怡大，改名孙义顺。汪姓颇善经营，接用孙义顺招牌后，几年间生意趋好，名声日火。每年销安茶均在280担上下，通常雇3条船装载，最多时竟达420担。启明当然也高兴，从此定居芦溪，未回家乡，乃至最终老死芦溪，也由汪家人安葬。汪家独掌孙义顺牌号，自由闯荡，行走江湖，经多年拼搏，居然名闻天下，火红数百年。一直到民国二十四年（1935），其注册法人虽名为汪日三，然也过世，真正执掌老板叫汪清明，生意仍兴旺。然天有不测风云。就在这年秋季，汪清明与同村另两位安茶老板从广东卖茶返家，因芦溪村小地偏，没有银行，无法兑换银票，遂在家乡邻近的景德镇办理银票存储手续，完事后因夜色降临，赶路不便，三人便在一叫福港的水陆码头投宿，不料被土匪盯上，全部被抓，无一幸免。土匪见此三人身上无钱，腰间有枪，顿生疑惑和恐惧，为防日后意外，便起杀心。三人中有一人叫汪旭芬，见气氛不对，因会武功，半夜翻墙逃脱，而其余二人便活生生被土匪杀害。汪清明遇害，孙义顺安茶从此停业，再也没能力恢复生产。其家人为维持生计，就以钱入股于逃回的汪旭芬老板续做安茶，然所用招牌不再是自家的孙义顺。曾经声名显赫的孙义顺从此终结。

再说现在孙义顺。改革开放后，1985年安茶着手复产，1990年创办江南春厂，1992年茶品正式面市，重走广东，至1996年逐渐兴旺，广东电话频来，受老字号影响，指名道姓要孙义顺安茶。为满足顾客需求，保障市场供应，芦溪乡政府决定扩大生产，感觉复兴孙义顺老号非常必要，于是将孙义顺最后老板汪日三之子汪寿康请到乡政府，商谈重启孙义顺牌号，再办新厂事宜。几经筹措，新厂闪亮登场，所有权为乡政府，法人代表为乡企办室主任汪镇响，技术人员为汪寿康，取名更智慧，传承老字号，沿袭孙义顺，即新孙义顺。汪寿康尤其高兴，回家翻箱倒柜，居然找出铜质老牌，交新厂仿制。众人审视铜牌，发现下端落款的制造商，居然是日本某株式会社，顿时辛酸和沉重袭心头。大家分析，铜牌制作日期虽难考证，但完全可以肯定，必是老孙义顺掌门人在世前就有，即民国二十四年（1935）以前无疑。由此可见老孙义顺交往广阔，不乏国际视野。如今虽物是人非，然大家均感肩扛的分量：老孙义顺是历史品牌和文化，新孙义顺必须担当和弘扬，品牌只能擦亮，越做越响。1997年，新孙义顺茶厂正式挂牌开业，招牌仍铜质，且规格与老孙义顺一模一样。且一切按老例办，茶票无疑是必须的。找不到老票，新孙义顺便以昔日同村的孙同顺茶票为样，改"同"为"义"，制胶版印票。至于隔年后，负责制茶技术和质量的汪寿康过世，掌柜汪镇响则铿锵承诺：我一定按师傅要求，老法老做，绿叶底、橘红汤、半发酵，决不给孙义顺招牌抹黑，值此新孙义顺再次出发。一老一新，两代法人，虽均汪姓，看似关联，然并无血缘关系；说血缘二路，然技艺又一脉相承，其断筋连骨的命运，续写孙义顺新篇。

光阴荏苒，日新月异。岁月进入21世纪，随着国家市场经济向纵深发展，个体私商开始渐露头角。新孙义顺是沿袭历史而来的品牌，既属汪家祖传，也

❥ 1992年安茶晒垫

❥ 新孙义顺铜牌

❥ 新孙义顺厂门

新孙义顺底票　　　　　　　　　　　新孙义顺腰票

是今人所扛，历史积淀丰厚，品牌影响深远，有一定的信誉度和公信力。为推动全乡安茶事业有更快更大发展，芦溪乡政府经认真考虑决定，唯有实行所有权和经营权分离的改革，即商标归乡有，经营属个人，才算上策。至此新孙义顺品牌权属出现崭新局面：注册商标仍属芦溪乡政府公有，具体使用法人由乡政府任命，其中前期为汪镇响，2018年元月汪镇响去世后，新任法人为汪珂。

汪珂是汪镇响外孙，属90后，既有思想，也有胸怀，可谓人小志气大。2018年6月，笔者采访他，其开宗明义表态：外公为打造新孙义顺品牌贡献不小，现虽执我手，但为乡政府所注册，当为芦溪茶人共同使用，乡里乡亲，都该有份。之所以2018年初，祁门县市场监督管理局来函，要求协调处理芦溪某企业使用新孙义顺品牌时，他顾全大局，深明大义，毅然支持乡政府于5月18日发出公告：芦溪乡政府为打造芦溪安茶之乡，允许芦溪乡境内的安茶企业使用孙义顺商标。2019年9月，笔者再次与他见面，在谈到如何使安茶发展壮大时，他说希望做安茶的人越来越多，只有用好各自的优势，安茶事业才能做大。当谈到如何用好孙义顺品牌时，他认为唯有坚持质量标准，才是唯一出路。先人创造这么好的品牌，绝不能让它毁在我们这辈人的手里。

4. 罗英银夫妇情系安茶

人过留迹，鸟过留声。安茶问世数百年，忽而风生水起，忽而偃旗息鼓，忽而东山再起，一路走来，波澜壮阔，跌宕起伏。假如没有文人出于无私热爱，而自发推介宣传，纵然茶客无限青睐，也只能小范围传播，知名度、美誉度不会如此广。

纵观安茶几百年历史，出现在文人笔下的作品不少。或叙说或诗文，如明代《七律·咏六安茶》、清代《红楼梦》等，均是范例，其所起传播效应，必须肯定。然这些叙说或诗文，毕竟是只言片语，且零落分散，不集中，没规模，影响有限，形成轰动效应，更无从说起。缘此，20世纪末安茶复兴后，亟须要一次大范围、多角度、广视角、深层次的挖掘和推广，谁来担此重任？

❦ 《茶艺》内页

2007年冬，台湾《茶艺》主编罗英银先生以"陈年徽青·六安篮茶"为题，设专栏刊出一组文章："六安茶""安徽六安篮茶""陈年六安——孙义顺品茶记""陈年笠仔六安茶辨识综论""从旧六安到新六安品饮与收藏""品六安老茶活动""解谜六安篮茶"，总共7篇，及彩色图片近200张，约60个版面。几乎将近代以来安茶的历史面貌，系统披露展示一遍。成为安茶自问世以来，最有分量、最大规模的文化报道，反应强烈，影响深远。

❦ 《茶艺》杂志文章

❧ 罗英银（左）　　　　　　❧ 与茶人座谈　　　　　　❧ 罗英银名片

一个既不制安茶，且不卖安茶，与安茶没有任何利益关系的台湾主编，仅凭自己对安茶的爱好和痴迷，发起和邀集一批安茶爱好者，搞活动、写文章、出专栏，对安茶而言，是难得的让广大喝茶的人了解安茶的机会。其无私忘我，劳神劳心奉献，也令人感动。

殊不知，十年后，即2017年，还是这位文化志愿者，居然再次为推介安茶行动起来。其自掏腰包，飞过海峡，来到安茶产地祁门，同时邀来同样也是资深茶人的夫君梁先生。夫妻二人结伴，风尘仆仆，不但深入到深山腹地的祁南芦溪，走茶地、问茶企、看加工、访茶人、鉴茶品，且细访祁门山水，登牯牛大降，游桃源古村，看金东茶市，以及多家祁红茶企，感茶乡风情，启茶事幽思，采访拍片，搜集大量资料，回台湾后，再次在《茶艺》杂志上，以《大特焦·安徽安茶》为题，刊出"安茶风雨飘摇五十载""期待安茶香过海""安茶故乡的故乡——芦溪""祁门仙境——人文融入自然中""六安茶工艺""祁门茶叶的过去与未来""一片茶叶幻化三种茶类""红茶艳丽·绿茶清秀·黑茶韵香""六安茶与六堡、普洱之异同""浅谈六安篮茶与六安骨、六安瓜片、香六安之异""品位六安茶""那些关于陈年笠仔六安的事"等各类文章12篇，照片247张，以洋洋洒洒75页的篇幅，最为鲜活的第一手资料，向台湾茶界宣传推介安茶。更为可贵者，该专栏甚至连同祁门整个茶事，诸如祁红、凫绿，乃至祁门生态环境、旅游景点等一并刊文推介。其境界之高，篇幅之多，内容之丰，力度之大，不敢说绝后，至少冠今，拳拳之心，令人再次感动。

如果说，十年前台湾《茶艺》的那次专栏，是对祁门安茶的历史回望；那么十年后的这次专栏，即是对祁门茶情的现实描写。一叶知秋，台湾茶人对安茶的情感，也是中华文化人对祁门茶乡的真情实意，可见一斑。

5. 戊戌岁月茶客多

2018是农历戊戌年，人间四月天，安茶氤氲远。是月上旬，台湾著名茶人周渝先生专门飞过海峡，来到祁门问安茶。

说到周渝，茶人都知道他是一位德高望重的茶界前辈，且更是一位名扬两岸的茶界泰斗。台湾人以喝不到他的茶而遗憾，而两岸爱茶者，也是无不仰视。

周渝的茶所叫紫藤庐，可谓是台湾的文化地标，有着不同凡响名头，几十年来，无数台湾学者文人，都曾在这里接受过美学滋养，溥心畬、胡适、殷海光、雷震、白崇禧、朱家骅、李敖、白先勇、陈文茜，曾都是紫藤庐常客。龙应台还说过：台北市有58家星巴克，只有一家紫藤庐。

台湾大家专访祁门，足见祁门安茶影响何等非凡？！车到祁南芦溪车刚停稳，周渝便问起安茶老号孙义顺。到孙义顺门口，他指着牌子对同行者说："我存的老安茶就是这个牌子。"说完对招牌一阵猛拍。

今日孙义顺当家人叫汪珂，虽为90后，然向周老介绍安茶时，其从容不迫，持重老成风范，令周先生感觉非常到位，仿佛有满满的安茶沉稳韵味，赞许有加。喝过今日孙义顺一年与三年的安茶，周先生从包中取出从台湾带来的老孙义顺安茶，他小心翼翼剥开茶篓，拿出三张茶票，问汪珂现在的茶是几票？汪珂答也是三票，老人默默点头，说此茶已有60年，话毕四望众人。其实老人清楚，祁门安茶消失于抗日战争爆发那年，复兴已是1992年。此篓所谓60年孙义顺，其实也属仿制，因无人点破，老人也就闭口不言。接下来，周先生仔细询问安茶生产情况，从环境到栽培，从采摘到加工，从工艺到流程，从包装到储存，从运输到销售，每道工序，每个细节，逐一问到，彰显出一个资深茶人的专注认真和细腻周到。周渝说现代人只注重茶叶的色香味，却忽视茶叶的本质，茶除了带给人们的精神享受，更重要的是身心健康。尤其安茶讲的是通经活络，属于一种愉悦和养生文化。

听罢介绍，周先生又去看山，看水，看茶园。他认为祁门芦溪，群山环抱，大洪水大北水在此汇流，构成多洲地茶园，土壤肥沃深厚，茂林修竹，云雾缭绕。之所以，才为安茶生长提供得天独厚的生态环境，人无我有，独树一帜。室外下起瓢泼大雨，然大雨不能阻挡周先生问茶的脚步，他说老茶特别能够带我们回到过去。过去的老房子、老村庄、老井老树，以及过去的人与故事，都能从老茶身上找到讯息，老茶是带历史记忆的。祁门安茶虽在抗日战争时期中断了，留下许多不愉快记忆，恰这些都是最深沉的东西，令我们今人难以忘怀，激励我们重振昨日的辉煌。

🍃 台湾周渝先生等问安茶

陪同周先生问茶的，是黄山市文化局的陈琪先生，他也是文人兼茶人。陪访期间，他告诉周先生，祁门安茶现已全面恢复，并被评为安徽省非物质文化遗产，我们现在恢复和传承安茶的生产历史，不仅是复兴了传统工艺，更是振兴乡村的文化与经济。周先生听罢，感到由衷地高兴。事后陈琪又专门写下一篇游记《芦溪访茶》，记下这次难忘之行。

兴许茶是通灵物，茶人都有感应。就在周先生离开芦溪不久，4月中旬，台湾又有一位叫何颉的先生，专程来芦溪访茶。无独有偶，何先生也带来一篓老安茶。且年份更远，说是1910年的老孙义顺，当即在新孙义顺厂内举办一场小茶会，气氛无疑好。还是在4月，下旬又有日本茶人来祁门，男女10多人，跋山涉水走芦溪，且专门访问了江南春厂的非遗传承人汪升平，安茶名望可见一斑。

🌱 台湾何颉先生等问安茶

周渝成为带路人，演绎芦溪多茶客。6月8日，又有香港茶叶协会施世筑会长一行来芦溪。施会长是祁门老朋友，早在2002年，就为祁红专程来祁门，时隔十多年后，再次远道而来，则是专问安茶。是日夏雨霏霏，我们穿行于青山绿水间，如同进入墨染朦胧画面，别有诗意。施会长到芦溪，先后问孙义顺、江南春、一枝春厂，详细询问今日安茶情况，频频支招，且带来老安茶，当场试泡，尤其与非遗传人江南春老板聊及许多话题，两位资深茶人见解一致，令众人无不惊奇。欢娱恨时短，一直到黄昏将至，施会长才恋恋不舍离去。这是继1984年港人关奋发寄茶至安徽，促使安茶复兴后，香港茶界的首次来访，无论祁门产

❧ 香港茶协施会长一行到芦溪问茶

❧ 日本人问安茶

❧ 香港茶协施会长与孙义顺外甥会面

❧ 戊戌四月的老外茶客

区，还是香港销区，均感意义深远。尤其施会长更是殷勤担当，返程后第二天，当即给笔者发来热情感言：我们这趟考察徽茶，得到你大力协助及精心安排，铭感于心。返港后，我对六安黑茶情有独钟，定会推荐给茶友，同时寄望此茶再上高峰。

需要说明的是，安茶访客多多，来自世界各地，且年年有，方式多。这里所记戊戌茶宾，仅为随意一瞥，是一叶知秋的表述。

6. 非遗传人汪镇响

安茶劫后重生，于20世纪90年代初东山再起，其中功勋者众多，然汪镇响不得不说。

汪镇响

笔者初见汪镇响，时在辰龙年仲夏，那日走进祁南芦溪乡孙义顺厂车间，浓郁茶香扑面而来。我见四周尽是鼓囊茶袋，中间转动一部茶机，绿色输送带背负两白箱，箱面显出红色电子数字，明显属于高科技设备。这种工艺，与我心中的传统安茶，根本两码事，我很惊讶。其时正有三四名茶工在机前拾掇，我问：此机干啥用？茶工答：是拣茶梗去老皮的机器。原来如此，从前人工的手拣，如今被这新机器所替代，钦佩感油然而生。再看屋顶，大梁满满当当挂竹篓，小如皂盒，中似菠萝，大者像纸篓。如此乡土形象，才是我心中的安茶，于是匆忙拍照，传统和现代瞬间定格。

我急寻老板，须臾走来一壮汉，中等个，白皙微胖，上着灰白汗衫，下穿棕色长裤，腰挂手机，一张国字脸，架眼镜，带微笑，朴实憨厚，有点乡镇企业领导的样子，既与眼前电子科技不搭，且与老字号儒雅也远，我心存困惑。老板自我介绍，我叫汪镇响，语调平稳，从容淡定，我开始欣然。经交谈，得知他时年六十二，文化大革命时初中毕业回乡务农，早年家贫，捕鱼为业。改革开放后，先在乡木材加工厂工作，后到乡企业办任主任。就在这时，闻说有人点名要祁门安茶，于是带一帮人，于1990年开始办厂，先任法人，一年后退出，专抓技术和生产。其中技术拜孙义顺后人汪寿康为师。汪寿康曾于1985年参与县里牵头的安茶复产实验，技艺基本掌握。然万事开头难，那时安茶虽试制成功，然因中断多年，技术并不稳定，质量不时波动，加之市场知晓度几乎为零，携茶到广东，开售势头不好，新厂一度陷入困顿。镇响不气馁，下决心先攻技术难关，经钻研摸索，终于掌握要领。1988年，安茶参加安徽省名优茶展，居然获优质特种茶奖，并通过农业部茶叶质量监督检验测试中心鉴定，获《检验报告》。恰此时安茶市场也复苏，乡里决定乘势而上，着手筹备第二家安茶企业，同时决定由汪镇响任法人。镇响答应了，随即进入思考：新茶企取什么名？兀地眼睛一亮：既拜孙义顺后人为师，现市场也呼孙义顺，何不因势利导，茶企就叫孙义顺。汪寿康也高兴，立即回家中翻箱倒柜，找出老招牌，交与新企业仿制。1997年，新孙义顺正式开业，其牌仍为铜质，规格字体也与老孙义顺一模一样，以昭示传承弘扬之心。至于制茶技术和质量，镇响铿锵承诺：我一定按照师父要求，老法老做，谷雨采，金秋露，三年陈，决不给孙义顺招牌抹黑。天道酬勤。经镇响等人努力，至2000年安茶市场渐开。不久更遇契机，2003年，非典流行，广东民众从安茶可消瘴的历史经验出发，纷纷购茶以作防范，致安茶大销，供应几至断货。面对机遇，有人建议涨价，然镇响不为所动，掷地有声道：做茶先做人，今年价格决不加一分钱。折射出镇响心系天下的境界和情怀。

初期孙义顺厂牌

孙义顺厂电拣机

我听罢，深为感慨。一块老招牌，内涵丰富，真要接手，既要担当弘扬，又需勇于超越，这才叫不忘初心。孙义顺招牌如雷贯耳，新当家人淳朴务实，无疑般配，敬佩感油然而生。我再走车间，无意中见墙挂一牌，天蓝木框，白纸黑字，居然为繁体。不用说，是该厂开办时的东西，屈指数将近20年，不失为文物，当属宝贝。我细读其文，叫《孙义顺安茶厂卫生管理制度》，内容丰富，观念超前。以此出自其时乡镇企业之手，可谓奇葩。于是录抄如下：

一、我厂生产的安茶是饮用食品，操作时应讲究卫生，职工必须思想上重视，并身体力行，安全生产。

二、凡我厂职工（包括长期工和临时工）应身体健康，无肺病、肝炎等传染性疾病，必要时，进行体检。

三、各生产车间及厂区卫生按科室分工负责，每日清扫，做到窗明几净，消灭老鼠、蚊蝇等虫害。

四、职工进入生产车间及便溺后应随时洗手，衣着整齐，不得使用化妆品，以免产品受到污染。

五、讲究文明礼貌，不准随地吐痰，乱跑杂物。

六、产品经高温蒸发消毒后进入装篓车间，凡参与装篓的职工及进入车间的管理人员，一律穿工作服、戴口罩，否则不准进入。

七、成品仓库应打扫干净，严格消毒，喷洒杀虫药水，经48小时后再经过通风、然后储存产品，并经常检查，适时打扫通风。

八、外来参观人员及职工亲友，不得随意进入车间。如欲进入车间，需经卫生管理人员同意，方准进入，以杜绝污染源。

九、厂房、厂区环境应整齐清洁，种植花草树木，美化厂区环境，做到文明生产。

十、卫生管理制度应该经常化，并纳入职工考核的条款之一，凡表现优良者，将受精神物质奖励，执行不力者，予以批评教育。

研读制度，我终于明白，孙义顺从1997年起步，稳扎稳打，规模日大，信誉日响，靠的就是这种科学严谨的管理，认真诚信的信念，才有今天成就。我再问镇响，现在安茶产量多少？他告知，眼下全乡年产200吨左右，自己厂30～40吨。我听此数字，知道产量完全超过老孙义顺，心更喜。再问：你感觉制茶技艺复杂吗？镇响略思考，说：说工艺不复杂是骗人。关键是每一步都要认真，来不得半点马虎。说罢扳指告我14道工序，其信手拈来之娴熟，几令我惊艳。我再问：安茶对鲜叶有何要求？镇响答：做安茶，原料最重要。按我们芦溪传统做法，一要洲茶，即长在河边茶叶，吸收雾气多，内汁好；二要芽肥叶嫩，即谷雨前后十天的上等芽叶，而绝非民间误传的收山老叶。尤其后一点，我是从老茶票上仔细琢磨出来的。孙义顺老票说：采办雨前上上细嫩真春芽蕊，加工拣选，不惜资本。我想这绝不是说着玩的，我就坚定不移按此要求做，茶做出来，卖到香港地区，客户果然认可……镇响见我老看梁上竹篓，于是调转话题：那种纸篓大小的包装，从前阎锡山最爱，听说他每月要喝一篓安茶，之所以我才设计这种包装。同时镇响还告知，台湾正大集团是安茶老牌客户，至今还藏有从前的安茶票。我听后，更感觉安茶文化底蕴丰富。我再问销售情况，镇响说现在销售跟从前大不一样。从前卖家先藏后售，现在买家先购自藏，当年茶当年基本卖掉。但我坚持做到一点，即安茶贵在陈香，你即使买新茶，但我质量坚决不变。我听罢，颇感动。有道是，三十年河东，三十年河西，此一时，彼一时。然有一点不能变，这就是茶人的初心：质量为本，诚信为上，消费者永远是上帝，这一点，镇响做得尤其好。

孙义顺厂来客

公孙顺与孙义顺招牌并立

这以后，我走芦溪更多。尤其是2013年，安茶制作技艺被列为安徽省第四批非物质文化遗产名录；国家市场监督管理总局批准安茶为地理标志保护产品，安茶生产日益受到官方重视。次年，镇响被评为安徽省非遗传承人，上门买茶者更多。然镇响始终如一，仍旧一头扎进茶堆，对技术精益求精，一门心思制好茶。同时开始更远思考，自己耗费20余年心血钻研掌握的安茶技艺，要永续利用，必须后继有人。于是从2013年开始，他把年轻的外甥汪珂带到身边，手把手传授，从最基础的工序着手培养。

2014年9月，我再拜访镇响，其时正逢白露季节，安茶精制正忙。进入孙义顺大门，镇响因年轻时捕鱼所患痛风发作，而躺于靠椅。我见他聚精会神，以鼻吸气，似乎在空中捕捉什么，只见他深嗅一口气后，兀地高声对里屋叫道：时间到，可以起锅了。我到里屋，原是蒸茶车间，只见汪珂正与茶工从锅里拎起布袋，将滚烫茶叶倒在桌上，桌旁戴手套女工随即抓茶入篓，紧压包装。我问：这茶什么样才算蒸好？汪珂答：凭感觉。操作蒸锅的师傅，至少是八年以上茶师，不过外公师傅在没事，他只要闻一下空气中的茶香味，就知道。我一听，神了！镇响在外屋躺椅，居然可以闻香遥控里屋蒸茶，心中佩服不已。我回到堂前，镇响端来玻璃壶，我看汤色橙红明亮，艳如琥珀，胃口大开，急忙斟杯开饮，感觉滋味特好。牛饮数杯后问：此茶何年？镇响答：2007年的，不过不是好茶，是茶朴，下等茶，属第二道拣别，有芽头乳花，茶汁浓，茶味好。从前南洋平头百姓最喜欢，尤其水手船工将它当作随身神药，下海打鱼买不起好茶，就买这种下等茶，叫渔夫茶，也叫筋皮茶。渔夫茶、筋皮茶？既形象，又新鲜，我深感好奇，立马取来茶听，伸手掏茶翻看，果见一堆乱梗杂碎，刚硬颗粒，铁锈红色，线头长短，粗细不匀，毫无茶样，看相几乎糟糕，没想到不但茶味奇好，且还有故事，正好为手头安茶书所用，于是抓住机会，恶补功课，向他讨教。他毫无保留，一五一十将渔夫茶来龙去脉和盘托出，使我收获颇丰。我再问制茶还有哪些诀窍，镇响微微一笑道：我没有诀窍，只会硬碰硬。譬如收原料，有人投机取巧，以外地生叶掺杂，我不干。外地鲜叶是便宜，但不是洲茶，影响质量。再如夜露，有人偷工减料，以喷雾器喷水替代，我也不做。以喷雾器喷水，一是不均匀，二不是天然露水，营养成分不一样。按常规，安茶夜露必等白露节气，然有时因天气干燥，有时白露过了，露水却无，那我就等，无论如何要等露水降临，方可开工。有时一等，居然是将近一个月……

孙义顺新传人汪镇响外甥汪珂

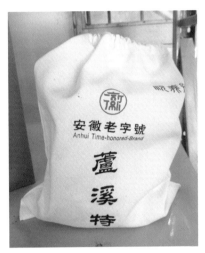
孙义顺新包装

这就是汪镇响，一个土生土长的安茶省级非遗技艺传承人，常年坚守在祁南芦溪，扎根深山，深耕技术，专事生产，楞将安茶起死复生，市场越做越大，名声越做越响。

遗憾的是，2018年元月，汪镇响因病不幸去世，享年68岁。于当今医疗技术进步之今天，其走得过早，当属英年早逝。

7. 非遗传人汪升平

安茶劫后重生，功勋多多。还有汪升平，也是不得不说。

汪升平，是一瘦削精干老头，紫铜色长脸，布满皱褶，写满人生阅历。灰白头发，覆盖睿智额头，闪烁敦厚沉稳光泽。他1947年出生于祁南芦溪，母亲是安茶老字号孙义顺养女，打从懂事起，便常听母亲口中说安茶怎样怎样，可从未见过，再加家乡是中外驰名的祁红茶乡，于是冥冥中感觉，自己人生似乎该与茶有关。然1967年高中毕业，作为老三届回乡知青，他被安排到水电站当负责人，一干十多年。其后，改革开放，乡镇企业起，1982年到芦溪综合厂工作，两年后任乡经委主任。就在这时，县里派来茶技员，说是香港地区客商点名道姓要祁门安茶，同时寄来民间自己外公孙义顺号老茶，省里下通知，祁门务必恢复。恰其时国家取消茶叶统购统销政策，放开茶市，升平朦胧察觉，事茶机会兴许来了。果不其然，稍后，乡里兴办安茶厂，任命他为副厂长，主管销售，升平人生茶路从此开始。这一年是1990年，他43岁，年富力强迎来好时机。

其时芦溪乡安茶刚刚复产成功，乡里决定乘势而上，兴办安茶厂，取名江南春，同时决定大开门路，开拓市场，以使生产和销售同步。其中重启广东市场任务，首当其冲交到升平手上。升平携茶到广东，不但茶卖不掉，且老客户也毫无踪影。首战失利，新厂陷入困境。为担起贷款责任，次年，他索性承包经营，独自挑起江南春法人重担，鼓起勇气，再跑广东。这一次稍有成绩，所带安茶4 000千克，销售2 500千克。曙光初现，继续坚持，到1992年，其携第三批茶，来到广东佛山山泉茶庄，交到一位叫傅锡球老茶师手上待检。傅为资深茶师，年轻时不但卖过安茶，深知安茶在两广市场的影响，且亲自见过当年经营孙义顺安茶的湖北籍茶商黄老板，甚至清楚记得黄老板所开的北胜街广丰茶行，位置就在当今佛山市长途汽车站背后，有关安茶客户信息，也掌握不少。而今他虽年届古稀，功底依旧不减当年。他再见安茶，倍感亲切。经品试后，形香味色均好，感觉与从前安茶几无异样，顿时兴奋得手舞足蹈。山泉茶庄当即收下全部安茶，双方谈好暂为代售，看市场反应再说。不久，傅茶师反馈信息，消费者反响较好，尤其老茶客更为高兴，新闻媒体也开始介入，广东电台和报纸均有报道，认为安茶复产成功，是为喜讯，当向纵深发展。

山泉茶庄生意成功后，升平又先后走访广东进出口公司及多家下属单位，其中土产公司有27家茶庄和工厂，规模颇大，每年开订货会，公司均邀汪升平参加。同时，汪升平又深入到华侨居住较多的区域，结识一位叫欧庄茶行经理，几经接触，两人年岁相当，好烟厌酒习俗相同，一见如故，安茶缘此进入其销售渠道。再后，汪升平又与南海县土产公司开展业务合作，几年后经理告知：经常有

江南春厂安茶

汪升平注册商标

人来买安茶了，一买就是几十斤，且顾客固定，看来市场已经少不了安茶。如此经多年拓展，安茶销售从每年几千斤，逐步扩大到过万斤，影响日趋见大。至1996年，经多年摸索淬炼的安茶，不但生产技术基本成熟，且经多年储藏陈化，质量也日趋稳定，市场认可度大为提高。其中尤其是广州茶商陈某，其携1992年安茶尝试出口南洋，一举打开境外市场，商家电话频来，开始向祁门要货，安茶迎来勃勃生机。至1997年，安茶售量近2万斤，从此进入快车道，销售势头日趋看好。到2000年后，不但芦溪乡新增查湾等村产安茶，就连祁门县北大坦乡、县西赤岭乡，也有人尝试生产，安茶厂家逐日增多。

不久，安茶市场再遇两次契机。一是2003年，因非典流行，广东地区民众从安茶可消瘴的历史经验出发，纷纷购茶以作防范，致使安茶大为畅销，乃至供应断货。二是2004年12月26日，印度洋发生海啸，突如其来的天灾，给东南亚民众造成巨大人员伤亡和财产损失，尤其以打鱼为生的渔民，纷纷以传统方式消灾，购置大量低档安茶与其他物品一道投于大海，以求海神保佑，从而带动安茶销售。市场大开后，不少客户开始直奔芦溪而来。再后，随国内茶叶市场细分，普洱一度火热，几年后回归理性，一批思维敏锐的高端爱茶人开始将目光转向老安茶，购买收藏者增多，安茶知名度又从广东、港澳台地区和东南亚一带，逐渐扩展到国内北方和国外日本、韩国、美国等市场，安茶逐渐迎来春天。

从这时起，升平开始深谋远虑，一方面自己深钻技术，精益求精，且于2015年摘取安茶省级非遗技艺传承人桂冠，2018年，又被市人社局等部门授予汪升平工作室称号，同时他着手培养接班人，不断将技术传授给长子汪文献。

❦ 江南春厂部大门　　　　　　　　❦ 江南春所获市级荣誉

如今走进芦溪乡，阊江河畔有座新厂，白墙黑瓦，窗明几净，青山绿水环绕，这就是汪升平的江南春茶厂。走进厂区，门口是庭园，顺甬道直进，两边花木扶疏。左墙有宣传栏，五块展板分别展示安茶简介、品质特征、茶类归属、制作工艺、功效作用等科普知识。迎面一座二层楼，一层为包装车间，二层是茶库和办公楼。楼右侧和其后则为车间，机房、蒸房、烘房、库房等，一应俱全，建筑面积数万平方米，充满了现代感，昭示江南春的规模和气势，卓越不凡。

 江南春厂宣传栏　　　　　　　　　　 江南春广告册页

说起厂房来历，升平感慨尤深：

1991年6月，我接任江南春法人后，十分困难。技术刚摸熟，质量不稳定，市场一片空白，银行贷款到期，乡里承包费交不起，手里除一本营业执照，两手空空，什么也没有。走投无路，我干脆卷起铺盖走人，从老厂搬出来，回家做茶。家里也是空空如也，吃饭都成问题。加之房子小，工具又缺乏，只好全家老小一起上，咬紧牙关，东拼西凑，加上乡亲支持帮助，终于做出一点茶，马上跑广东，走东家，问西家，在广州到处乱跑。那时别说出租车打不起，就是坐公交也没钱，全靠两腿走，愣将广州大街小巷几乎踏遍，至今我仍说得出广州道路走向，是广州活地图。如此一走多年，到2000年，终于看到曙光，安茶逐渐做开，市场有了，客户多了，生意慢慢好起来。再到2004年后，销售势头越来越好，贷款基本还清，手头略有积蓄，我就寻思，江南春这块牌子有点影响了，广东和香港地区许多客户都知道，不少客户提出要来芦溪看看，假如看到我是窝在家里做茶，岂不笑话。我想路是人走出来的，千难万难，只要下决心就不难。经与家人商议，决定新建厂房。我东拼西凑，将钱筹齐，先是买地买建材，随后买茶机，置设备，经辛苦打拼，到2006年冬，前后花费120万元，一座新厂终于落成，在芦溪乡首屈一指，车间仓库办公等，一应俱全，估计再过几年也不会落后。

新厂落成，江南春终于有了自己的家，果然便有客户来访。譬如复旦大学一陶教授夫妇，每年均来，他们随身携带自己在香港地区所购安茶，对样采购，说是为女儿做嫁妆；再如广州一公司总裁张女士，专程由芜湖茶友陪同来芦溪，为的就是要在安茶产地品鉴一杯正宗道地的安茶。如愿以偿后，大为赞叹，当即拍摄厂景，说要带回去给朋友看，以表达自己不虚此行的感慨。还有台湾地区《茶艺》主编罗英银和马来西亚客人等，不但采访，且专到茶库拍片，临走表示9月露茶还来。此外另有韩国人、我国香港地区的记者等，不胜枚举。其中，一叫邱文诚者，与升平交往最深。其给出建议：安茶宣传要有的放矢，打造品牌尤其重要。四两拨千斤，说者无心，听者有意。升平感觉，身在庐山外，才识真面目。一个企业要发展，靠独特产品，更需专用牌号。自己的江南春厂，多年来一直使用祖传的孙义顺牌号，然芦溪做安茶者，多为汪氏后裔，难道大家都打孙义顺牌不成。再说，要对消费者负责，必须有独立品牌。主意拿定，升平说干就干，当即向工商部门申请江南春商标。然工商部门经查，此商标已有人先注，你必须另择他名。升平幡然梦醒，既然江南春被人抢注，何不以自己所获省非遗传承人姓名注册，既是自我加压，也是对客户承诺，以人格担当。即自己所制安茶，恰如升平名字，不但最好，且越来越好，永无止境。

2016年5月，汪升平商标走完一年的法律程序，正式面世。2018年秋，一枚以汪升平注册商标的茶票闪亮登场，该票上部为汪升平头像图案，头像下拥八字：货真价实、童叟无欺，明确经营理念；中间为行书：汪升平，右角钤标

江南春厂两代茶人

示法律权威的工商注册符号，下部为回纹方框，框嵌文字，诠释经营理念、资历、市场和茶品：

　　本厂壹玖玖零年创设于祁南芦溪，庄主系安茶老字号孙义顺外甥。自开业以来，秉承祖训商德、诚信待人；挖掘传统技艺，精益求精；重启广东市场，寻旧结新，现为祁门安茶最早厂家。本厂每于谷雨前后，采摘上等细嫩真春芽蕊，不惜资本，加工精制。尤其夜露烘焙，参用古法，故所制之茶不但芬芳馥郁，且健胃爽神，祛湿解毒，形香色味大不相同。本厂包装内含底票、腰票、面票三张，上钤江南春印，凡顾客赐顾，望务辨真伪，以防假冒。祁门芦溪江南春汪升平谨启。

汪升平茶票

七、颇为奇特的功效

1. 古籍名著中的安茶吃法

民谣曰：好事不出门，坏事传千里。什么意思？估计是说口舌传播，属道听途说模式，轻便随意，真实性不多，大可左耳进右耳出，不足为信。

文字不同了，白纸黑字，言之凿凿，想赖赖不掉。尤其中国人经五千年文明熏陶，历来对文字顶礼膜拜，恭敬有加。缘此凡写入文字的东西，必真无疑。美者流芳千古，丑者遗臭万年。至于写入文学的名著，更是毋庸置疑，万载存真，地老天荒，当深信不疑。

安茶属美货，可能因太好，好得无以复加，怕人忘却，于是被文人骚客记入书籍，且是名著，以为公共记忆，供后人研读。

一千个读者，就有一千个哈姆雷特。安茶在书中，扮演什么角色？仁者见仁，智者见智，评说不一。其中最权威者，当属清初年希尧的安茶药方。

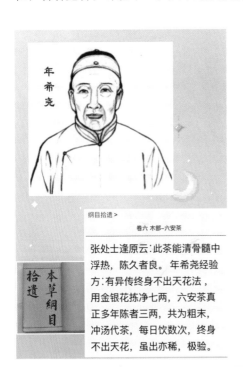

纲目拾遗 >

卷六 木部-六安茶

张处士逢原云：此茶能清骨髓中浮热，陈久者良。年希尧经验方：有异传终身不出天花法，用金银花拣净七两，六安茶真正多年陈者三两，共为粗末，冲汤代茶，每日饮数次，终身不出天花，虽出亦稀，极验。

本草纲目拾遗

Y 年希尧秘方

年希尧(1671—1739)，出生于显赫的官宦世家，祖上为明六朝名臣年富，其父年遐龄曾官至湖广巡抚，其弟为清代有名儒将，即当今走红影视剧《雍正王朝》《甄嬛传》《君临天下》中的年羹尧，其妹则雍正帝的敦肃贵妃。

年希尧自己也为官一生，康熙时累至安徽布政使，雍正时升为广东巡抚。此后屡任过工部右侍郎、景德镇督陶官、内务府总管等职，后被乾隆罢官。

虽说年希尧一生宦海沉浮，几起几落，然他的主要精力却没放在做官上，一门心思尽在广泛爱好上。

譬如他精于绘画，山水花卉翎毛，无所不涉。又如他喜好音乐，是广陵琴派传人之一。此外，他任景德镇督陶官九年。实验过各种新技术，以及发掘传统工艺，人称年窑。并解决珐琅彩瓷器彩料要靠进口的难题，且使清代珐琅彩增多十几种颜色，并在雍正八年(1730)成功烧出胭脂水瓷，《陶录》称他管理窑务：选料奉造，极其精雅。此外，在数学和美术方面，也有《视学》等著作。其博学多才，名扬天下，乃至一位在华供职的法国传教士评价年希尧：他既非文人，又非学者，如果他得知欧洲的学者们引为同侪……定会大吃一惊。

年希尧最喜欢的是中国医学。他常与友人论医，遇好药方就抄录，并以此给人治病，且多有效果。后来他将所集药方辑成《集验良方》六卷、《本草类方》十卷，现有刊本行世。

年希尧钻研医药，自然离不开与药同源的茶叶，其中尚以药效著名的祁门安茶（古名六安茶），理所当然入他视野。对于安茶的药用，

《本草纲目》

年希尧似乎更有独到用途。他在一经验方中载道：有异传终身不出天花法，用金银花拣净七两，六安茶真正多年陈者三两，共为粗末，冲汤代茶，每日饮数次，终身不出天花，虽出亦稀，极验。

有关年希尧这个安茶药方，现完整保存在清赵学敏编撰的《本草纲目拾遗》中。此书刊行于乾隆三十年（1765），为《本草纲目》刊行百余年后的拾遗书目，全书共10卷，载药921种。其中《本草纲目》未载的有716种，绝大部分是民间药，如冬虫夏草、鸦胆子、太子参等。还有一些外来药品，如金鸡纳（喹啉）、日精油、香草、臭草等。除拾遗外，并对《纲目》所载药物备而不详的，加以补充，错误

处给予订正。其中第六卷木部，即补充介绍茶的内容：茶树根、烂茶叶、经霜老茶叶、雨前茶、普洱茶、研茶、龙脊茶、安化茶、雪茶、武彝茶、松萝茶、六安茶、普陀茶、江西片、水沙连茶、红毛茶、角刺茶、栾茶、云芝茶、红花茶、乌药茶、泸茶、瘟茶、乐山茶。其中说到六安茶时，说是同普洱一般历史悠久：普洱茶蒸之成团，西番市之，最能化物，于六安同。且在方前添加一张处士逢原的批注：此茶能清骨髓中浮热，陈久者良。意在佐证明人闻龙在《茶笺》中云：六安茶入药最有功效。

至于文学作品，故事更多。譬如《儒林外史》第二十九回："诸葛佑僧寮遇友　杜慎卿江郡纳姬"写道：当下鲍廷玺同小子抬桌子。杜慎卿道：我今日把这些俗品都捐了，只是江南鲥鱼、樱、笋，下酒之物，与先生们挥麈清谈。当下摆上来，果然是清清疏疏的几个盘子。买的是永宁坊上好的橘酒，斟上酒来。杜慎卿极大的酒量，不甚吃菜，当下举著让众人吃菜，他只拣了几片笋和几个樱桃下酒。传杯换盏，吃到午后，杜慎卿叫取点心来，便是猪油饺饵、鸭子肉包的烧卖、鹅油酥、软香糕，每样一盘拿上来。众人吃了，又是雨水煨的六安毛尖茶，每人一碗。

圆篮装

柱篓装

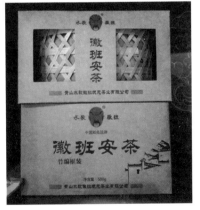

纸盒装

明眼人一看便知，此处消费安茶，在于消食。既为宴席落肚之酒，也为酒后的猪油饺饵、鸭子肉包烧卖、鹅油酥、软香糕。为此说，酒食做加法，安茶做减法，一加一减，黄金搭档。归根结底，一句话：安茶可消食。

缘此查依据，果不其然，原来早有古语云：腥肉之物，非安茶不消。一日无茶则滞，三日无茶则病。说明安茶能够促进肉食、奶酪等高脂食物的分解和消化，以及解除油腻、胆固醇沉积等作用。以之为油腻积食克星，是不可或缺的健康饮品，有一定道理。故清张英在《聪训斋语》中也说：六安茶尤养脾，食饱最宜。

❦ 传统安茶陈茶

❦ 新款安茶茶饼

然世界是万花筒，有人爱，就有人不爱。譬如《红楼梦》，就将安茶打入另类，说贾母不爱。

《红楼梦》第四十一回"贾宝玉品茶栊翠庵　刘姥姥醉卧怡红院"写道：

妙玉捧来海棠花式雕漆填金云龙献寿的小茶盘，里面放一个成窑五彩小盖盅，捧于贾母。贾母道："我不吃六安茶。"妙玉笑说："知道。这是老君眉。"贾母接了……

此处写贾母，不给安茶面子，以及后面妙玉论水、评点茶器，发表饮茶感慨等，读来令人荡气回肠。然贾母不喝六安茶，却接了老君眉，令人费解。

《红楼梦》写的是康乾盛世，人称清代百科全书。据史料载，其时京都流行御制供茶有六种：六安茶、虎丘茶、天池茶、阳羡茶、龙井茶、天目茶。其中六安茶尤其受宠，诸如"古甃泉踰双井水，小楼酒带六安茶""金粉装修门面华，徽商竞货六安茶"等，皆为坊间赞语。偏贾母不爱，原因何在？

诗言志，文抒怀。贾母不喝安茶，肯定有道理。了解茶性的人都知道，茶有不发酵、半发酵、全发酵三类，六安茶为半发酵茶，茶性温和，然摆放三年后，茶性变凉，因而产生祛暑退热功效，故有越陈越香、越陈越凉之说。贾母属耄耋老者，年迈体虚，阳气不足，火气不旺。加之通常规律，老人肠胃怕凉喜热，喝茶当然也以诸如红茶类的热性茶为好。安茶貌似性温，实为性凉。之所以，她一看端茶上来，就担心妙玉拿市面走俏的六安茶。于是未雨绸缪，提前来一句：我不喝六安茶。

敬爱的贾母，肚中喝茶学问多多，令人敬佩不已。然事物也要辩证看，安茶是陈茶，茶性也温凉，对体虚者是不宜。然正因其温凉，有驱暑祛热之功，对肠胃刺激小，具消食醒酒之效。故于饮用者而言，当然也有适宜与不宜之分。归纳说，当为三宜三不宜：地域宜热带、年龄宜年轻、季节宜夏季；反之，即不宜寒带、不宜老年、不宜寒冬。

古人向质朴，写成文字，货真价实，字句金不换。更何况名著，在汗牛充栋书堆中脱颖而出，岂有骗人之理。之所以，当不妨且读且信且试，免费享受《儒林外史》《红楼梦》待遇，也是生活一种。

2.因药用落户佛山

安茶南下走广东，最早落脚是佛山。佛山之所以接纳安茶，缘于此茶有药效。

懂茶者都知道，茶之为人类服务，源头就是药用。譬如说，古籍云：神农尝百草，日遇七十二毒，得茶而解之。这里的茶，则后来的茶。后人推算，时间已有 2 700 余年。再譬如，中国茶最早输出到西方，也是药效起作用。其时西欧国家的药房均卖茶，且呼为神奇的东方之草。

茶药同源。现代药理分析发现，安茶中含多酚类物质和多糖类物质，比重很

▼ 清末安茶

大。其有清热、止血、解毒、消肿、杀菌、防腐、抗癌之功效。茶多糖有降血糖、降血脂、抗血凝、抗血栓等功效，对糖尿病和心血管病有一定疗效。此外，安茶在发酵过程中，产生一种叫普若尔的成分，对防止脂肪堆积有作用，故抑制腹部脂肪有明显效果，以及降低高血脂、减肥等。

估计安茶就是凭此本领，征服和落户广东佛山的。之所以选址佛山镇，而不是广州、番禺、中山及他地，其实也绝非偶然。佛山自明

▼ 百年老茶

▼ 百年茶汤

▼ 杯沿带泡才是好茶

清以来为商业重镇，曾跻身于中国四大名镇之列。更重要的是，此地有著名特产名佛药，以原料上乘、工艺精湛、古方正药、疗效确切、品种齐全等优势，畅销岭南乃至东南亚地区，以致有岭南成药发祥地、广东成药之乡等美誉。说是清乾隆年间，佛山人口约30万，药店却有近百家，其中最著名的是豆豉巷，不足200米街巷中，有药店27家。这些从事中医和中药者，除利用官家药局的方子制药

外，还有不少名医，均是通过总结经验或整理祖传秘方，以自己名字冠名生产中成药。既为药乡，当然不乏药茶。如清嘉庆至光绪百年间，佛山就有敬寿阁万应茶、源吉林甘和茶等著名品种。事后证明，祁门安茶南下，首选佛山发售，具体地址是北胜街广丰茶行。至清朝末年，不但南海县衙为其专门颁发公告，开展打假活动。且准其建立公司，由南海县上报，获朝廷注册执照。

也有药性的箬叶

茶是草·箬是宝

　　星星之火，可以燎原。安茶在佛山站稳后，广泛辐射。数年间，席卷两广以及东南亚地区。安茶在岭南地区流传故事颇多，其中主题皆围绕药效而出。譬如说，安茶以陈为贵，越陈越温，越陈越凉，可作药引。在煎煮一些特定的中药时，加此煎煮，引发药效，促发药性，有一定作用。尤其陈年安茶火气褪尽，茶性温凉，味涩生津，能祛湿解暑，日常饮用，也是极好。久而久之，安茶在两广、东南亚地区很受欢迎。

　　安茶在南方之所以畅销，其实事出有因。一是两广、东南亚地区属热带，高温高湿，气候闷热，民间俗称瘴气较重。二是岭南向来重视饮食，大鱼大肉，油腻颇重。即使今日，广东省及东南亚地区仍习惯饮用药食。如广州人开席，先喝一碗带中药开口汤；新加坡流行肉骨茶，二者均有祛湿补气的作用。安茶本具祛湿消食解毒之功，一物降一物，于岭南大派用场。故旧时安茶外售，茶票中每有

"饮之清馥弗觉，又能健寿益神，夏日亦能生津解渴，居热带者尤能消瘴疫，于卫生大有裨益"字句。不仅受到广东、港澳台地区人的喜爱，大受推崇，新马泰等南洋也广受欢迎，既药用，且品饮。即使于当今，仍被人们当作预防流行疾病之良药。2003年非典流行，岭南人以历史经验为鉴，大买安茶，以作防范，同时也成为推动安茶死而复生的重要动力之一，就是最好事例。

3.说是祛湿功效最好

安茶除具刮油消食功效外，还有祛湿消毒的作用。

古人言：千寒易除，一湿难去。湿性黏浊，如油入面；民谚说：十人八九湿，不除为大害；中医云：湿气是人类健康之大敌。

湿邪缘何而来？中医认为，来源有三：一是吃了过多油腻物，消化不了，堆积成湿；二是虽未多吃，但本身消化能力不足，吃一点就腻住，也成湿；三是受环境、季节因素影响。如广东高温高湿，本地人习惯以中药熬汤，饭前饮用；四川多湿，那里人不吃辣椒就会不舒服。再如夏天，很多人体内都有湿，身体本感很重、很懒。倘若大部分时间，又待在空调下，导致体内水分无法排出，更湿；再加饮食喜吃凉菜冷饮、冰冻西瓜、饮料等，又加一等。

有湿气的人
身体会出现十几种不适：

1.大便不成形，溏稀或者便秘
2.口干，口苦，口臭
3.痰多，咳嗽，嗓子不清爽
4.头发油腻，脱发、白发
5.肥胖，减肥后容易反弹
6.浮肿，眼袋下垂
7.胸口闷
8.腰酸关节疼痛
9.黑眼圈
10.睡觉打呼噜，头晕没精神
11.特别疲劳
12.阴部潮湿
13.阴囊潮湿
14.对房事不感兴趣
15.脸上长斑，起痘满脸油光
16.白带有异味，瘙痒
17.皮肤油腻，起湿疹等

湿邪如何表现？医家说，这要看级别。一级湿毒：在表皮。症状：皮肤瘙痒，长湿疹，头脸油腻、长痘。二级湿毒：在肌肉。症状：酸、困、累、乏，如肩颈肥厚，酸困，腰酸，乏力。三级湿毒：在骨骼。即骨寒湿，俗称风湿。症状：肩周炎、肩痛，颈椎劳损、腰痛、风湿关节炎，变天关节就痛。四级湿毒：在脏腑（子宫、卵巢、脾胃、肺）。症状：脾胃虚弱、便秘、多痰、妇科炎症。五级湿毒：在身上，（肿瘤）切了又长，长了又切。

不说不知道，一说吓一跳。湿邪如此作恶，当斩尽杀绝，义不容辞。于是有人说，喝安茶。譬如一耿姓女士在朋友圈说：昨天发微信，关心我的朋友给我很多鼓励。为什么发安茶？因为我前期已做了小白鼠，坚持喝了一年。记得一年前，我每天早上起来，整个脸就像被油涂了一层，那个感觉……更严重的是头发，从来都是一层油在上边，买遍所有品牌的洗发水，都洗不掉头发上的油……宿便也是很严重……我意识到我身体出问题了。网上一查，了解是体内湿气太重。想办法调理身体吧，红豆薏仁汤，说去湿效果好，煮着喝。我属每天早上出门，晚上吃完饭回家的那种，一天也喝不了多少。一个偶然机会，了解到安茶，朋友送些给我，我就每天上午下午各一泡，喝了一段时间，头发可以洗干净啦，有了清爽的感觉。每天早起，脸上也不那么难受。于是，我寄了些给一个好朋友，叫她坚持喝。她就一直喝，生孩子落下的肩周炎，也好了很多。这就是为什么我要分享给大家这款茶的原因。

追问安茶能够祛湿消毒原理。早在唐朝，医药家陈藏器在《草本拾遗》又说：百药为各病之

➤ 三泡图解

药，茶为万病之药；到明代，李时珍时在《本草纲目》也说：茶叶味苦甘，微寒无毒，主治瘘疮、利小便、去痰热、止渴、令人少眠，有利悦志，下气消食。以及屠隆在《考槃余事》说：六安茶品亦精，入药最效。但不善炒，不能发香，而味苦，茶之本性实佳。现代《中国茶经》总结，说茶有24功效：少睡、安神、明目、清头脑、止渴生津、清热、消暑、解毒、消食、醒酒、去油腻、下气、利水、通便、治痢、去痰、祛风解表、坚齿、治心病、疗疮治瘘、疗饥、益气力、延年益寿。至于安茶，有人说更独特。其日晒夜露工艺——白天晒太阳，晚上吸露水，汲日月精华，与众不同；还有人说，安茶三年一熟，氧化陈化，相比一般茶，火性褪尽，凉性迸发，属越陈越香，越陈越好之茶。恰合民谚所云：一年茶，三年药，七年宝。之所以，安茶在高温高湿的东南亚，祛湿解毒之效，向来为人称道。有诗赞曰：味如甘露胜醍醐，服之顿觉沉疴苏。身轻便欲登天衢，不知天上有茶无？

❧ 夜露

❧ 陈化

　　需要指出的是，茶只是茶，只作饮料。爱喝茶，按照自己的身体状况和习惯，科学有目的地选饮自己喜爱的茶，能起到预防某些疾病的功效。但切莫当药喝，尤其于当今，科学进步时代，有病务必遵医问药。

4.其他功效

坊间人说，安茶好，好就好在其经陈化，产生丰富的益生菌。

益生菌是什么？在百度上搜了一下：一位叫凯西亚当的博士，出版了一本《益生菌》著作。说数以百计的研究表明，不同种类的益生菌，赋予不同的健康益处。譬如益生菌可发挥人体70%～80%的免疫反应作用；能通过激活细胞因子和吞噬细胞，来协调免疫反应。许多益生菌已被证明对抗病毒，如感冒、流感、轮状病毒、疱疹和溃疡，以及减少便秘，对癌症发挥作用等。许多传统的益生菌食物，诸如臭豆腐、霉干菜，就是非常美味的健康食品。截至2008年，市场上有超过500种益生菌食品及饮料产品已推出，且数字还在增长。之所以，世界卫生组织的定义是：受益赋予在健康的身体上活的微生物，正将成为21世纪的抗生素。

科学道理虽深奥，验证于安茶，貌似真管用。譬如祁南芦溪江南春汪老板说：新疆一茶客，说自己胃不好，常喝安茶有效果。现有一篓老六安，要价万元，因不知是否正宗，来电讨教，如何鉴别？汪答：是否老茶，具体要看茶样。一般鉴别方法，不霉就好。他还告：广州一姓苏茶客，以安茶治好了胃病，也是一例。再譬如南洋一带，海边渔民喝海水后腹胀，抓把安茶，放炉上煮一煮，喝一碗，腹胀顿消。还有广东民间，向来有家藏老六安的习惯，老人小孩偶感暑热，或肠胃不适，气闷郁结，就拿老六安作药汤，一泡陈年六安，喝得通体舒畅，感冒不治而愈。之所以，从前香港药房，老六安一到，人就去抢，全部卖光，可见老六安的魅力。

笔者也有亲身体验：某日朋友小聚，店家端来8菜，其中6菜是火爆炭炉。一顿大餐后，喉牙大痛。次日早上，左脸颊居然违背美学基本对称原则，独自肿大，痛楚不堪。猛然间，想起安茶，心头一亮。咽哑牙疼为火气，一物降一物，当用寒性安茶对抗。于是解茶投茶，以文火慢炖，煮出酱色茶汤开喝，一天几杯，次日感觉疼痛有退，继续再喝，牙疼果减，二三日踪影不再。事后再读书，方知陈茶治病有功，在于中医西医均有雄健理论：茶多酚有抗菌抗病毒、防龋作用；茶氨酸有镇静、消除精神紧张、疏导神经系统作用。具体到喉牙症状，中医认为咽喉肿痛属热症，以寒克热，可有效控制。安茶茶性温良，清热利咽，消肿止痛，清泻肺热，疗喉最好；西医认为咽喉疼痛为临床表现，凡患有急性或慢性咽炎、喉炎、扁桃体炎、扁桃体周围脓肿、咽喉脓肿等，均可引起咽喉局部肿痛。安茶抗炎效果好，有杀菌力。再到牙疼，中医认为，牙疼主因是气穴不通、虚火上炎，从而使内脏功能失调。安茶茶性凉，清火气，药性直入经脉，疗牙有特殊功力；西医认为，龋齿、牙髓炎、牙周炎、冠周炎等都会引起牙疼，茶多酚等抗菌成分，有凝结蛋白质的收敛功效，能与菌体蛋白质结合，而致细菌死亡，茶叶中水杨酸、苯甲酸和香豆酸均有杀菌效果。此谓学习实践之得也。再者，安茶包装物的箬叶，也同样具有药效。台湾资深茶人陈淦邦在《孙义顺品茶记》中说：陈年六安茶竹叶，有特殊食疗功效。不少老人特爱在泡茶时，放进一小片，别有一番滋味。另传岭南有一偏方，使用这种竹叶煮水饮用，也可舒缓喉痛声哑。此外，笔者冬季夜睡常有盗汗现象，服用中药多年无效。丁酉年立夏开始饮安茶，连续夏秋两季，是年冬夜，盗汗居然未发，是否安茶功效？问中医，说盗汗属心中虚火，安茶有凉性，兴许起作用。真假不得而知，披露于此，权为参考。

❦ 煮泡安茶更好

我国民间一直有以陈茶做药风俗，故藏安茶者也众多。台湾陈国义先生就是范例。陈先生钟情安茶多年，做过很多尝试：一是加陈皮。大红柑的干果皮，为广东三宝之一，以新会产地为上品。且与安茶一样，储藏时间越久越好。以其

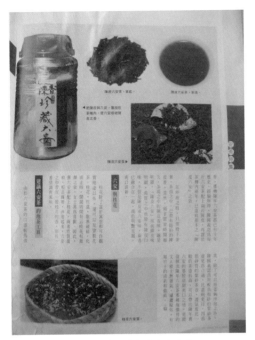

▼ 台湾刊物刊载的陈皮安茶

配安茶，陈上加陈，锦上添花。药理有理气、健胃、祛痰等功效。陈先生还将安茶与陈皮放一起，多年后，二者药性互相吸收、融合，效果奇好。他经多次实验，认为每斤安茶放两片陈皮为最佳，置于茶中两年，便生药效。冲泡时，只需投茶，茶汤中就会泛出陈皮香，当然二者配置越久，香味就越重，茶汤也带陈皮香，汤色明亮艳丽，滋味爽口清新。二是加桂花。桂花除富有寓意和可供观赏外，其性温，散寒破结、化痰止咳，据传还有养颜之效，尤为女性喜爱。以其与安茶相配，两者性温结合，相互辉映。泡用时，茶汤带桂花香，别有情趣和风韵，十分可人。陈先生认为，以安茶制药茶，能助人静心、排毒，是保健疗身的好法宝。

八、解泡方法及示范

1. 解茶冲泡有妙诀

安茶为陈茶，品饮当有诀窍。具体说有解茶、冲泡二道。

所谓解茶，顾名思义，使沉睡之茶，尽快醒来。安茶经紧压而篓装，虽陈化多日，然空气未透，一向沉睡，故品前必须使之醒，给叶片以自由，自然呼吸，唤醒茶质，释放茶香。

❧ 解泡图

首先，开篾使其醒。具体方法：去掉件、条的包装，取出篾，轻拨箬叶，露出茶体，尔后，从篾沿一侧边缘倾斜入刀，撬出若干片状。此时尽量保持叶片完整性，以轻柔动作，顺势而入，顺叶片规律开解。陈化多年的老茶，茶体较松散，多数成散状，以茶则即可取用；少数呈块状，用手指轻剥，叶片则自然散开。

其次，摊开使其活。将解开之茶，选纯净无异味、湿度温度适宜处，选棉纸或宣纸，垫盖上下，以隔阻灰尘。摊置时间为两三天，使之快速通风透气，迅速活转。

再次，入罐使其香。茶经通风透气后，装入干燥无味的听罐中，让其再次自然深醒。至于听罐材质，紫砂、玻璃、铁质均可。其中以透气性能好，且避光、隔热为最好，以使茶质和香气快速凝聚，随用随取。

当然，还有更简单的方法：取篾装安茶，保持完整竹篾为用，拨开箬叶，以茶刀或茶针轻撬，根据用量，随解随取。

所谓冲泡，即正式品饮，通常分泡饮和煮饮两种。

泡饮相对简单，取茶3～5克，投入杯壶中，先冲少许水，迅速倒掉，以洗茶灰；再以高温沸水高冲而下，闷泡数分钟即可，此后，二泡三泡，依次进行。具体三泡时间，建议分别以2、3、5分钟为宜。一般安茶，通常可连续冲泡5次左右。此外，若想更得味，正式冲泡前，不妨先来浸润泡。所谓浸润泡，也叫温润泡。即以适当温度和时间，取少量开水，先助茶叶苏醒，叶片舒展，待蓄势待发状态，再正式冲泡时，以释放最佳品质。安茶故乡的祁门，尤其讲究润

干茶、汤色、叶底

茶，笔者自幼就有亲身体验。每逢重大节日，抑或贵客来临，母亲必定早早清洗茶具，尔后取茶三五克，先以冷水轻洗倒掉，再冲少许开水，数量以盖住茶叶既可，浸润以备。一旦正式取用，冲入开水，须臾茶汁便尽情释放，茶香滋味达最佳。

冲泡老安茶，茶具当以瓷杯、盖碗为好。此外，香港茶艺乐团总经理陈国义先生认为，以粗质紫砂壶泡更合适。因为这种壶透气度高，可以带出陈年安茶的清甜爽口之感，更能发挥出老安茶那种傲骨的文人雅士韵味，潇洒脱俗，有如竹子般清新和傲直。

至于煮饮：以铁壶加冷水置炉灶，投入适量茶叶，武火煮热至沸，再文火焖煮数分钟即可。领略安茶煮饮幽深玩味，最好配搭一套专用器具。茶具：红泥炉、褐柴炭、黑铁壶、白瓷杯。步骤一：取柴炭数颗置泥炉中，层叠堆起以通风。步骤二：点燃引火线，插入泥炉空间，引燃柴炭，适当以扇对炉下风口轻送风，使之火旺。步骤三：炭火红艳，放铁壶煮茶。步骤四：茶热冲汤入杯，此时看琥珀茶汤，嗅氤氲茶香，啜醇厚茶味，别有一番风味。不过一般柴炭不耐烧，最后取用祁门本土的油茶籽壳烧成的籽壳炭，既结实小巧，又经久耐烧，野趣黯然。

无论泡饮、煮饮，建议都剪取小片包装箬叶入茶随泡。理由在于：箬叶本凉，对人体有利无害；箬包安茶，茶香箬香，相互渗透，其味更美。

2. 台湾拆解老安茶活动

老安茶犹如国宝熊猫，见不易，品不易，千真万确，毋庸置疑。其实亲见科学拆封，以及醒茶品饮过程也不易。非资深缘分，难以邂逅，更是事实。幸好2007年10月，我国台湾的台北县三重市力行路举办过一场别开生面的茶会，主题就是：品六安老茶。殊为珍贵，现摘录于此，权作分享。

这次活动主角为两人，一为台湾紫藤茶庐主事周渝先生。熟悉茶事者均知，此人为海内外茶界泰斗，名传遐迩；一为台湾《茶艺》主编罗英银女士。爱好茶文化者都知道，此人为高端茶媒名人。此外，参与者即为众多媒体记者和痴爱安茶的铁杆茶粉。

台湾《茶艺》载：1.开拆活动主角周渝、罗英银

2.开拆安茶原件

拆封活动极富仪式感，主持者开宗明义说道：留在后世的优质六安篮茶并不多，有人认为这其中的旧六安，茶气与滋味绝不会输于当今一些古董茶，今天我们请来各路名家见证，当场剪开大篓，里面包着10条，1条内2笠对置，共3组用竹篾扎成一条，所以一大颗篮里共有60小笠。接着我们以轻松简单的方式品饮，提供茶友在简语短句的互动对话中，对旧六安茶有多点了解与认识。

周主事拿起剪刀，当众剪开麻绳，呈现于众的是6条被竹篾绑紧的安茶，每条为3组，每组两小篓对置，即6篓扎成一条，一大茶件共有36小篓。他出其中一篓，掀去篓盖，拨开箬叶，现出黑褐润亮的茶叶，其中隐约可见纸质文件，即孙义顺底票。随后取茶开泡，品饮掀开盖头，媒体采访也同时开始。

3.开拆活动报道

4.《茶艺》刊载各种安茶

罗主编：六安笠仔茶与云南七子饼都属紧压黑茶类，但因产地和工序的不同，若经同等时间存放，口感有什么不同？

周主事：与七子饼相比，品饮有不同，不过要看老度。前面有些杂味，到第四、第五泡，杂味没有了，到第八泡、九泡，茶汤越喝越细。我有一客人，没有喝过六安茶，喝了老六安后，马上就联想到昆曲柔雅的身段，感觉优美文雅。

罗主编：有人说，买六安茶是因为它可以当药用？

周主事：普洱是大气，但老六安茶气深沉，温暖脏腑，所以常当药用。还有个讲法，六安茶比较凉，从前我国香港上流社会习惯抽雪茄配六安茶，因雪茄上火，品老六安可以去火。

罗主编：请问周先生，你认为老六安意境是怎样的感觉？

周主事：文雅、细致、润，特殊的香，类似参香。喝下去精神有往上提升，悠悠的感觉。

罗主编：目前已差不多20泡了，真的很耐泡。这（包装）竹叶带黄的感觉，满脆的，在我看来这种叶子很老？

周主事：是很老的，但若只用颜色深浅，来判断年代不是正确的方法。最后一泡了，我们来试试茶汤。

周主事、罗主编异口同声：药味出来了……

关于这次拆封活动的整个过程，后被罗主编在《茶艺》中以图片图解形式逐一刊出，总共有30余张，内容为"解放六安""文革六安""郑霭记""康秧春""八中飞六安篮茶""一批孙义顺""二批孙义顺""三批孙义顺"等，同时刊发从各个不同角度解读老六安茶的文章近10篇，弥足珍贵。活动过后，引起强烈反响，为满足广大茶粉愿望，紧接着是年11月初，还是这拨人，又进行了第二次鉴泡和采访。这次用茶仍是两天前拆封未用完的老六安。

一股迷恋老六安的旋风，很快在宝岛台湾盘旋开来，须臾便蔓延至大陆，导致人们对安茶的认知，从此提升一个档次。

3. 得味品饮也工夫

物以稀为贵。安茶属小众茶，具有唯一性、稀缺性、珍贵性、高价值性，犹如雪藏奇珍，文化基础深厚。尤其近年来，伴随股市和楼市步履蹒跚，民间资金寻找出路，安茶存久增值之特点，受到不少人青睐，成为游资追崇对象，投资者日渐增多。

❦ 今人开泡1985年试制安茶茶汤和叶底　　　　　❦ 三年安茶的汤色

再好之茶，当为品饮。安茶成为海内外收藏家新宠，人们视多年陈茶为历史之化身，通过观形、赏色、闻香、尝味，领略其越陈越香的滋味和岁月窖制的韵味，尽情玩味，品饮享受，不啻为把玩安茶硬道理。行家倾情投入，趣事佳话迭出，媒体频频爆料，故事诱人动心。现举四例，以作沧海一粟，看看专家如何品安茶。

先说一位林光明先生。据中山网载，林先生为乐心行茶叶贸易公司老板，属安茶资深发烧友，购茶藏茶玩茶鉴茶，走火入魔，倾情多年。其曾经精选四款各相隔六年的孙义顺安茶开泡品鉴，用茶由近及远，程序精细严谨，过程详细记录。现刊载如下：

第一款　2010年半斤装特级贡尖

市场售价：60 ~ 70元／箩

时间：2013年1月16日

气温：20℃

冲泡器皿：小盖碗

冲泡水温：100℃

投茶量：5～6克

条索：色泽黑润，条索紧结，十分细嫩。汤色：汤色金黄透亮。香气：有绿茶的香气和烤火香。回甘：回甘不明显，生津倒是很快。水性：水路细腻。口感：口感霸道，苦涩明显，且苦比涩更显著，化得倒是挺快，迅速生津。耐泡度：比较耐泡，可冲7～8泡。叶底：茶底干净。泡开的茶叶，纤细而均匀，嫩度和韧性都非常好。

第二款 2004年1斤装一级贡尖

市场售价：300～400元／篓

时间：2013年1月16日

气温：20℃

冲泡器皿：小盖碗

冲泡水温：100℃

投茶量：5～6克

条索：色泽黑润，条索紧结，但比起2010年的茶底，看起来粗壮许多。汤色：汤色由金黄转变为橙黄，晶莹别透。香气：竹叶香夹杂着淡淡的陈香。回甘：有淡淡的回甘。水性：水路细腻。口感：苦涩味降低，入口醇香而清润，而且伴有淡淡的回甘。耐泡度：比较耐泡，至少可冲7～8泡，泡完之后还可用壶煮上几泡。叶底：茶底干净。泡开的茶叶，叶片均匀，韧性好。

第三款 1998年半斤装特级贡尖

市场售价：300～400元／篓

时间：2013年1月16日

气温：20℃

冲泡器皿：小盖碗

冲泡水温：100℃

投茶量：5～6克

条索：色泽黑润，条索紧结，不见梗。汤色：汤色橙红，晶莹剔透。香气：竹叶香夹杂着陈香和药香。回甘：回甘较为明显。水性：水路细腻。口感：苦涩味较 2004 年变弱许多，入口更为香醇清润，回甘也明显。耐泡度：比较耐泡，至少可冲 7～8 泡，泡完之后还可用壶煮上几泡。叶底：茶底干净。泡开的茶叶，叶片均匀，韧性好。

第四款　20 世纪 80 年代初一斤装一级春尖

市场售价：10 000～15 000 元／笼

时间：2013 年 1 月 16 日

气温：20℃

冲泡器皿：小盖碗

冲泡水温：100℃

投茶量：5～6克

条索：色泽黑润，条索紧结，不见梗。汤色：汤色似洋酒色，褐红色，十分剔透。香气：竹叶香变淡，陈香、药香明显。回甘：回甘持久。水性：水路细腻。口感：无苦涩味，将茶水含在口中，香醇清润，头段似陈年熟普，尾段似陈年生普，口感十分特别。耐泡度：比较耐泡，至少可冲 7～8 泡，泡完之后还可用壶煮上几泡。叶底：茶底干净。泡开的茶叶，叶片均匀，韧性好。

再说一位随心阁的博主，也是资深茶迷。其喝安茶深情有道，并以博客记录自己品鉴经历：

我有幸喝到的陈年安茶，来自新加坡茶友。因卖它的茶店老板娘说不出它的确切年份，只说是十几年前她嫁来的时候就有了，所以朋友标记为不知年。

我取来人字梯，把高高珍藏在书柜顶层的安茶搬下合影存照，再按照安茶给我的印象，摆一个古朴怀旧的茶席。坐在这样的席间，心与安茶的距离更近了。我解开茶，闻起来几乎没有味道，既没有茶香，也没有陈霉味。一般人看不出来它是可以泡来喝的茶饮。虽没有邀请客人，可是每一水，都泡得很用心。

我取7克，投入200毫升紫砂壶。沸水洗一遍。安茶如同沉睡初醒般，一股类似人参的药香悠悠升起，使我对茶汤的期待越发迫切，第二遍洗茶水没舍得全倒掉，被这红浓透亮的汤色引诱得留了一杯，喝一口，有平和参味，微苦、沉香。赶紧再泡第三水，杯中汤色真是红得诱人。独品好处就是可以豪饮，双杯下肚，一股暖流淌过，从咽喉到胃里，仿佛熨平一般。四水已经完全喝不到微苦，茶汤变得甜爽，依然是药香，变得愈发含蓄而纯净，后背也开始发热起来……

还有一位香港陈国义先生，功夫同样一流。陈先生存茶有术，藏茶多种，其中以孙义顺笠仔、40多年六安散茶、新制正宗六安笠仔为最爱，款款都留有记录细致感觉的文字，且将其与普洱比较，认为六安茶之美，重在口感，特质是清新、清爽、清甜，像傲骨文人雅士，无杂气，潇洒脱俗，有如竹子般清新和傲直；而普洱厚实，绵长、润泽，像看透世事、饱经沧桑的中年人，正值辉煌时刻，光芒四射，有如菊花绽放。所以两个陈年茶系，各有不同，各有品饮特色与风格，没有谁胜谁负之较，最重要的是用什么角度去欣赏。除单一冲泡外，陈先生还有更多尝试，如在茶艺班对学生说，正宗六安茶使用的是徽青茶，应带回甘，茶水活泼，不呆滞，购买要小心辨认。他有次遇上一批正宗徽青，当即进货作为教材。再如尝试安茶入药，加入陈皮泡，抑或泡制桂花安茶等，多方实验，多种感受，所得情趣和风韵，十分可人。

4. 回味无穷的安茶

笔者自20世纪90年代开始接触安茶，几十年间，认识不少安茶高人，了解许多安茶故事，同时也领略不少年份老茶，可谓福祉满满。其中尤其有两款茶，品饮过程，终生难忘。

（1）宣统安茶

生产日期：1910年

等级：估计为贡尖

品饮时间：2014年9月18日

品饮地址：芦溪孙义顺厂

提供人：汪镇响

外形：细碎，呈颗粒状，色泽乌黑，略带霜色

香气：陈香清幽绵长

汤色：汤色深红泛紫

耐泡度：一气6泡以上，汤色仍浓

滋味：顺滑醇厚

叶底：基本为碎片，呈紫铜色，未见嫩芽

品鉴回顾：那日到芦溪，汪镇响拿出此茶，初见竹篓破、箬叶散，不以为然。待开泡后，看汤色如酱油，品滋味如此厚实，大为惊艳。连泡数十遍，见汤色滋味几乎依旧，冥冥中感觉此乃笔者今生最大福气，喝到了最有年份的茶。事后多年，果真再也没有遇上比此更早的安茶，可谓三生有幸。

（2）程世瑞安茶

生产日期：1937年

等级：估计为毛尖

品饮时间：2015年11月

品饮地址：屯溪黎阳水街

提供人：茶友刘斌

外形：乌黑发亮，略带霜色

香气：陈香清幽明显

汤色：汤色金黄微红

耐泡度：一气连喝5泡，尔后再煮饮

滋味：顺滑醇厚

❦ 1910年安茶：1.干茶

❦ 2.汤色

❦ 3.茶汤

❦ 4.叶底

▼ 干茶样

▼ 从左到右5泡汤色

▼ 叶底

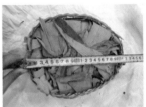

▼ 茶篓尺寸

▼ 藏茶人刘斌（左）

▼ 1937年安茶（最下）与当今安茶对比

叶底：基本为叶片，未见嫩芽

品鉴回顾：这是一款颇具传奇的茶，故事多传播于业界。那日老茶取来，是快递的外套加棉纸，包裹严实。打开看，居然是我首次见到的大篓，经尺量长宽高分别为21厘米×16厘米×8厘米，明显与当今包装不同。问来历，茶友刘斌告：属其友义成多年前所送。再问义成来历，说是原为《黄山日报》记者，曾于20世纪90年代采访过茶商程世瑞，程赠其此茶，且云属1946年其运送的最后

一批安茶。传承有序，原来如此。我看此茶，篓显黄，茶见霜，当即开泡。经嗅看品，感觉陈香清幽明显，汤色金黄微红，滋味顺滑醇厚，确属道地好茶。我等一气连喝5泡，尔后再煮饮。过程悉数拍照，同时配新茶作对比。归家理片完毕，以《发现老茶》为题发微信：80多年老茶，约3斤装，褐色带霜，汤黄

味醇。同时配发茶篓、干茶、开汤、叶底等照片9张。微信发出，不想石破天惊，引发赞评连连，达140条之多，当为幸事，难得一见，是记。

几款老安茶，使我终身铭记，完全可作为本书搁笔句号。尽管书中有许多不足，然世间没有尽善尽美之事，残缺是美，更是后来动力。

话是这样说，然心仍不甘。我凝视电脑屏幕，操键手指总感意犹未尽，还想再来几句。再说什么呢？我反复回想安茶一路走来的历史，想到许许多多的安茶人事，咀嚼那些趣味盎然的安茶传说，蓦地眼前一亮，我想起一件事：戊戌初夏某日，春泽号老板张先生来访。我们端坐窗前，外面细雨霏霏，晴日可见的远山被遮挡得无踪无影，天边云遮雾罩，唯见白团涌动，分不清是云

张先海与小茶人

张先海的安茶作品

是雾还是山。近前虽见楼群高耸，然浸润雨中，身姿缥缈，也介于虚实之间，给人朦胧。

张先生原为深圳律师，因爱茶来到祁门，无形中发现安茶，欲罢不能，从此与安茶结缘，投资办厂，名黄泰山安茶科技有限公司，商标春泽号。从司法到茶业，这是一种跨界。新思维的介入，于安茶业而言，毋庸置疑，大有裨益。之

所以，我俩对坐聊安茶，话到深处时，张先生感触良多，譬如他说：安茶底蕴丰厚，回味无穷。我看原因在于此茶有六德。我顿感惊艳，急忙端目凝神，洗耳恭听，只见他不慌不忙说道：你看安茶经历几百年，中间产生许多故事，其实每个故事都宣泄一种德行。唐代妙静不忍弃茶，化废为宝，是为慈；明代小尼入庙求佛，学艺后逃庙，报效父母，是为孝；清代中医以茶入药，报搭乘之恩，是为义；改革开放后，关奋发先生心系安茶，寄言安徽复产，是为忠；非典时期，安茶抢手，镇响升平坚持以原价应市，是为仁；再者许村人冒死送茶样，有的安茶厂对水淹茶宁烧也不用，是为信。正因为，一代又一代的安茶人，坚守信念，持之以恒，才造就安茶历经四五百年而不败，尤其于当今，越来越被文化人看好，年复一年旺盛。

我仔细聆听，深入思考，仿佛于迷蒙中，经他轻轻点拨，面前突现一盏明灯，豁然开朗。我感觉他的话，颇有见地，就像眼前云雾，只有穿透去看，才会发现本质面目。继而，我又联想到，近日读到一则史料，叫

❥ 安茶新品种

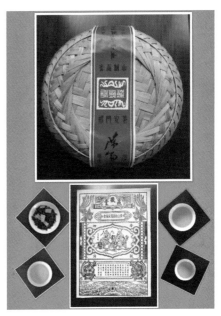

❥ 安茶成为藏品

《清代外交档案文献汇编》，其中载有清乾隆年间，六安茶曾有5次与普洱茶、武夷茶，以及哈密瓜、瓷盘、纺丝等，被作为大清国礼，赠给外国，其中安茶数量分别是8瓶、10瓶、4瓶、2瓶、4瓶不等。中国封建社会皇权至上，尤其清代康乾盛世，国力强盛，物产丰富，安茶不但荣耀入贡，且跻身国礼，出使国外，当是最高荣光，既是对茶品的肯定，也是对茶德的褒奖。试想假如不是茶品最最上乘，估计难获如此殊荣。

由此我更深地想到，虽然安茶有起有伏，有惊有险，有喜有忧，有动有静，命运坎坷曲折，然茶性始终如一，茶德矢志不渝，这就是安茶秉持以陈为上的初心，并使之成为一种秉性，一种文化，一种操守，更是一种定位，一种立世之本，才得以焕发经久不衰的魅力，傲立于世，越陈越香，越陈越醇，越陈越好，越陈越增值。

我将此心思，说于张先生听，张先生也有同感。我们再深入讨论，得出一致结论，举凡一款经过几百年岁月淬炼的茶品，其身上必定积累许多优秀禀赋，这种禀赋其实正是历代茶人人格的写照，天长日久，化于茶品，熔于茶性，成为茶德，上下嘉许，朝野公认，成为历史和文化的传统，历久弥坚。

唯有德，方长久，无论是茶是人，同此理。

后　记·感恩

戊戌初秋，凉风起，酷热退，地金黄，收获季又到。

恰此时，一直以来，我极力想写一本全面真实客观反映祁门安茶历史沿革和现实产销的茶书，如今终于尘埃落定。我如释重负。

新书出笼，诚然不乏作者辛劳与心血。然我生性笨拙，既无灵巧技，仅会用死力，更需借外功。今日如愿以偿，拿出此书，深感借势之重要。

于此中，我要谢安茶人。除书中已提及的许多人事外，还有已故的非遗传人汪镇响，如今年届古稀的汪升平，年富力强的戴海中，从律师转行于茶的张先海，以及董胜、周国松、汪珂等，是他们无私地提供史料，助剖现实，解颐释惑，才使此书骨骼健全，内容丰满。

于此中，我要谢摄影师。如今是读图时代，好图需技巧，更靠眼力机缘。李玉祥、张建平、吴锡端等大师，提供了珍贵美片；胡新良、陈政、杨华等摄影者，拍留宝贵瞬间。因他们慷慨奉献，才使此书色彩靓丽，图文并茂，遍地织锦。

于此中，我要谢乡亲好友。祁门县级老领导郭培兄长，积极提供线索，且驱车带路访老号；县茶业局领导耿其明，及时提供资料，把脉史实；芦溪乡领导张永强、方卫平提供方便，解决困难；县城文友马立中，买安茶老印，无偿相赠助研究，等等。是他们热情相助，才使此书有活证，现深度，风姿绰约。

于此中，我要谢港人茶王施世筑。这是一位年届七秩的香港著名茶人，眼观六路茶事，耳听八方茶语，名闻茶界。于安茶，尤其情有独钟。我请其作序，他欣然应允，须史拿出文稿，见解独到，立意高远，为本书大添辉猛增色，属登高一呼，影响深远。

于此中，我要谢出版社。安茶很小众，知名度不高，由此我极想找一业界的权威出版社推出此书，以借势扬茶，扩大影响。中国农业出版社责任编辑姚佳从定选题到论证会，从文字稿到选图片，给出真知灼见，处处细致入微，诚恳认真高效，热忱感人，成效可人。加上出版社领导及相关人员，秉承敬业初心，坚持事业至上，使此书脱颖而出。

于此中，当然也要谢家人，是她们为我提供油盐柴米不知价、中午小酒睡迷糊的生活条件，使我两耳不问事，一心仅记书，终于如愿完成此书。

于此中，我要谢的人，还有很多很多，虽不能一一列举，但我永远铭记心中。在此我谨向他们，致以深深的鞠躬。

金无足赤，书难尽美。此书肯定还有许多瑕疵乃至不足，在此恳望读者海涵与赐教，以备后来之我，写时更畅，错误更少。再谢！

郑建新